原

寻

美食之味

文化之味

寻味

呼伦贝尔大草原

呼伦贝尔市文化旅游广电局 编著

外文出版社
FOREIGN LANGUAGES PRESS

《呼伦贝尔大草原·寻味》
编委会名单

《呼伦贝尔大草原·寻味》
编辑部名单

主　　编： 郎立兴

副 主 编： 苗　林　李颖婷　郭　浩

撰　　稿： 郎立兴　苗　林　宋志文

摄　　影： 郎立兴　白云飞　郭　浩　东日布　高志军

美　　编： 战晓霞

编　　辑： 宁　佳

通　　联： 青　春

写在前面的话

郎立兴

中国烹饪协会主席团副主席
中国饭店协会顾问
中烹协民族餐饮旅游委员会主席
内蒙古餐饮与饭店行业协会会长

呼伦贝尔，这片享誉全国的“绿色净土”“北国碧玉”，因其特殊的地理环境造就了大草原、大森林、大河湖、大湿地等生态景观，同时形成了极具地方特色的绿色美食。呼伦贝尔是我的故乡，我从小在这里生活，在这里成长，及至后来在这里工作30余年，青春中最美好的时光都是在呼伦贝尔度过的，我对这片土地充满了深厚的情感，特别是对呼伦贝尔的物产比较熟悉，对美食历史有所研究，对餐饮行业的现状也有实践和指导。受呼伦贝尔市文化旅游广电局的邀约，我担任“呼伦贝尔大草原”系列丛书之《寻味》的主编。回顾本书的编撰过程，更像是一次对呼伦贝尔美食探究的拓荒之旅。

接到编撰任务后，编辑团队第一时间明确了本书的主题构思，即“守正创新”。“守”的是呼伦贝尔美食的历史、故事、文化、温度；“创新”的是全书内容结构挣脱了美食书籍常采用的菜谱模式，且脱离了一般美食游记书籍仅有个人感受的肤浅趣味。经反复推敲，全书最终以“味之融”“味之萃”“味之稷”“味之醴”“味之彩”“味之珍”六部分呈现在大家眼前，内容涵盖当地名菜、宴席、主食、饮品、奶食、山野菜、非遗传统技艺、基尼斯纪录。发现和总结这些美食不只有撩人舌尖的味道，更有着动听的故事传说和深厚的文化内涵。

本书力求从历史演化过程中探究呼伦贝尔美食的流变，立体展现呼伦贝尔美食的独特性。具体说来，其具有以下三个鲜明特点：

一、独特的地理地貌孕育了丰富多样的特色食材

本书收集的233道菜品，主要食材全部出自本地，这充分说明了呼伦贝尔的食材极其丰富，放眼中华大地，能做到这一点的城市不多见。

呼伦贝尔地跨森林草原、草甸草原和干旱草原，形成了不同特色的植被群落，以这些牧草为食的牛马羊转化的肉类天然绿色，营养丰富，是中国最好的肉类之一。

海拉尔河、伊敏河、莫尔格勒河、根河等河流在草原上回转，最后流入额尔古纳河，鱼货生产丰富。特别是位于西南角的呼伦湖和贝尔湖，碧波荡漾，产鱼虾 30 余种。

呼伦贝尔是药食同源的基地，出产臻子、都柿、红豆、月季等几十种野果以及蘑菇、木耳、蕨菜、黄花等，其中猴头蘑、口蘑最负盛名。

这里更是内蒙古蒙餐的主要发源地之一。沉淀了 2000 多年饮食文化的呼伦贝尔菜，深蕴游牧文化饮食的天地观，熏染马背民族淳朴豪迈的饮食之风，渗透风吹草摇牛羊悠闲的灵动之美，吐纳浩荡森林的璞真宁静。

二、浓郁的地域文化与悠久的历史渊源

20 世纪 60 年代，历史学家翦伯赞先生曾生动描述，假如整个内蒙古是游牧民族的历史舞台，那么，呼伦贝尔草原就是这个舞台的后台。

呼伦贝尔有着悠久的历史和灿烂的文化，呼伦贝尔大草原更是水草丰美的世界四大草原之一。多少人都曾对她投以关注和景仰的目光，他们赶着牛羊，骑着骏马，翻过大兴安岭森林，进入新的历史舞台。当然，他们也把手扒肉、烤全羊、涮羊肉、奶茶等这些经典的游牧民族的美食，带向了中原，带向了全世界。

1732 年，呼伦贝尔有了自己的建制。空旷了近百年的草原上，蒙古包内又升起了缕缕的炊烟。大兴安岭东边的嫩江流域闯关东的人群多了起来；以狩猎为生的鄂温克族、鄂伦春族在森林中闯荡生活；万里茶道的北线，就是从呼伦贝尔草原穿过额尔古纳河，是中原与俄罗斯贸易交往的首条通道；中东铁路，成为中国铁路史上贯穿俄罗斯西伯利亚和中国东北的第一条大通道；20 世纪 50 年代大兴安岭林区开发，十几万人涌进一片大森林。多民族的交往交流交融，让这片热土变得生机勃勃丰富多彩，他们的饮食生活更是这幅绚丽图画上最具韵味的一抹亮色。

本书的出版，意义在于向不了解和想了解呼伦贝尔的人们介绍呼伦贝尔。美食是一个窗口，从这个窗口看进去，可以看到一个文化深厚、历史悠久、生活五彩斑斓、美食有滋有味、人民生活幸福的呼伦贝尔。

三、拥有一批业务扎实、敢于创新的“美食工匠”

呼伦贝尔有一支过硬的烹饪美食队伍，其中不少人已经跻身国际和国内的顶尖大师之列。第 8 届中国烹饪大赛热菜总冠军李金荣就是其中的代表人物。

近年来，呼伦贝尔许多美食菜品在全国乃至世界比赛中夺金摘银。这不仅为我们内蒙古餐饮业争了光，也让呼伦贝尔美食的知名度在全国大增。

为了写好关于“味道”的故事，编辑团队在前期考察积累的基础上，前后 3 次、行程 1 万多公里，对呼伦贝尔的 13 个旗县市区进行了调研、走访、拍摄。为使内容详实，我们又前往鄂温克自治旗、陈巴尔虎旗、额尔古纳市、海拉尔区进行了菜品的补摄和资料收集，最终精选出 189 幅颇具代表性的美食图片入册。所有菜品采风工作的顺利进行，离不开呼伦贝尔市委、政府主要领导同志的高度重视，离不开呼伦贝尔市文化旅游广电局领导们的帮助与鼓励，离不开呼伦贝尔各旗县区领导和有关部门的关心与支持，离不开业内同仁们的真诚帮助与奉献。在此，谨向他们表示衷心的感谢。

绿色净土覆银装，北国碧玉飘芬芳。“寻味”，不只寻美食之味，更是通过美食在寻文化之味、历史之味、知识之味、融合之味。这本具有填补呼伦贝尔美食探究空白意义的图书即将付梓，愿其为呼伦贝尔文旅产业发展贡献绵力。愿呼伦贝尔的未来光明灿烂！

目录 CONTENTS

味之稷·主食

味之醴·饮品

味之华·非遗饮食技艺

味之彩·上海大世界基尼斯纪录菜品

味之融

名　菜

从古至今，中华五千年美食形成的路上从不孤寂，族群部落的迁徙、人口的流动，促成了美食的旅行。呼伦贝尔美食在各民族交往交流交融的历程中完成了自身华丽的蜕变。

手把肉

手把肉，顾名思义，即用手拿着吃肉的意思，是草原游牧民族最传统最朴实最豪放的吃法。这种传统吃法历史悠久，如果从匈奴时代算起，“食畜肉、衣皮革、被旃裘”，已经有 2000 多年的历史。

手把肉对羊肉的品质要求较高，呼伦贝尔的羊在水草丰美的草场放牧，游走食草，每日运动，而且还能吃到使羊肉鲜美不膻的野韭、野葱和碱草等高营养草药类牧草，因此肉质很好，是制作手把肉的上好食材。在牧区，人们煮手把肉时通常选用膘肥肉嫩的两至三年的羯羊，将带骨羊肉从关节处用刀拆开，下入清水锅中，加入少量食盐，撇去浮沫，煮熟即可捞出。这时的羊肉，原汁原味，肉质鲜嫩，肥而不腻，香而不膻，如果再蘸着自制的野韭菜花酱，就更加鲜香可口了。手把肉一般是用蒙古刀切割着吃，也可以用手拿着直接食用。

如今手把肉在城市的蒙餐饭店和大小餐馆均有出售，为了方便食用，大多是在肉熟后用刀切片盛盘上席，再配以调好的韭菜花等作料蘸着吃。

不论是在牧人的蒙古包里还是在蒙餐饭店里，手把肉都是深受食客喜爱且常吃不厌的美味肉食。当我们用手拿着吃肉的时候，会不会在胸中激起对过往岁月的回忆和感叹呢？

涮羊肉

涮羊肉是蒙餐菜系里最受欢迎且普及全国的一道菜品。呼伦贝尔羊肉都是涮羊肉的好食材。一锅清水就能涮出羊肉的鲜香美味，正所谓，好食材才会出好味道。

据说涮羊肉起源于元代。相传当年元世祖忽必烈在遇到紧急情况出征打仗时，厨师来不及炖煮羊肉，急中生智将羊肉切成薄片在沸水里搅拌几下，待肉色一变，马上捞入碗中，撒下细盐，忽必烈连吃几碗就上战场杀敌且取得胜利。事后忽必烈觉得这样的羊肉很好吃，赏赐有功战将品尝，获得一致赞扬，特赐名“涮羊肉”。从此，涮羊肉不但在宫廷，也在民间流传至今。

传统的涮羊肉基本是用清水作底汤，以铜锅木炭烧水。在长期的流传过程中，涮锅又增加了电火锅，汤料也进行了很多改良，底汤除了清水，还有以各式菜蔬或香料熬制而成的底汤，如西红柿底汤、香菇底汤、辣味底汤等，蘸料也使涮羊肉的味道越来越丰富了。

将羊肉用手工或机械切成薄如纸张的羊肉片，待锅内水沸即可放入姜片、葱丝和切好的羊肉片，肥瘦均匀、口感绵柔的羊肉片在翻滚的火锅汤中一烫，肉稍微变色即可捞出蘸小料食用，不膻不腻，鲜香无比。同时，还可将配好的蔬菜、豆腐及其他配料端至桌上，涮肉之后再将配料放入火锅中原汁原味地涮着吃。

一种传统菜肴经久不衰，流传至今，一定有其独到的秘诀。涮羊肉的吃法虽然各地都有，且涮法各有不同，但关键取决于羊肉的品质。呼伦贝尔的羊肉，绝对是优质品质和美味口感的保证。

桦树皮蒸羊肉

说到桦树皮蒸羊肉，必须要先说说桦树皮文化。桦树皮文化历史悠久，与驯鹿文化一样，也是鄂温克族狩猎民族文化特征的一部分。桦树皮制作工艺，在我国器皿造型史上占有重要地位。事实上，不止是鄂温克族，生活在呼伦贝尔的鄂伦春族、达斡尔族等民族，都与白桦有着浓厚的情结，也同样有使用桦树皮制作器具的历史和文化。在兴安岭，一些倒伏的白桦树和进口的白桦树皮一样，通过鄂伦春族、鄂温克族、达斡尔族的聪明才智跃上了中国工艺制作的舞台，成为精美的工艺作品。

呼伦贝尔羊肉，肉中精品。一般来说，在牧区吃羊肉，通常是将宰杀好的肥羊下入清水锅中，加入少量食盐，煮 40—50 分钟出锅，用手拿着吃或用刀切割着吃。但是桦树皮蒸羊肉又是一种做法，即把剔好的羊肉稍微抹一点盐，然后用桦树皮将羊肉一层一层包起来，上蒸屉蒸制 1 小时，改刀切块放入桦树皮做的托盘中即可食用。经过蒸制，桦树皮的清香随着温度和蒸汽进入羊肉中，吃的时候，带有淡淡桦树皮香味的羊肉别有一番滋味。

俗话说，一方水土养育一方人，一方文化也滋养着一方人。呼伦贝尔的桦树皮文化，打开了人们的思路，桦树皮蒸羊肉让我们眼界大开。

鱼羊鲜

这是一款中国古老的菜品。“鱼羊鲜”，顾名思义，是由鱼和羊成就的一道人间美味。在呼伦贝尔，由呼伦贝尔大草原的羊和呼伦湖的鱼相结合起来，就是鱼羊鲜这道人间美味。

关于这道和“鲜”字一同诞生的菜品，有各式各样的传说，其中之一说的是古代孔子周游列国初期，四处碰壁，举步维艰，连饭都吃不上，其弟子只能四处乞讨，一天，偶得一些鱼肉和羊肉，由于大家都饥肠辘辘，遂将鱼、羊肉混在一起煮，发现其味竟鲜美无比，自此流传开来。据说，“鲜”字便是这般得来。

到了近代，诞生在呼伦贝尔大地上的鱼羊鲜也有一段趣事。据传1910年，鼠疫由中东铁路经满洲里传入哈尔滨，然后一场大瘟疫席卷整个东北。清政府任命伍连德博士为东北三省防鼠疫全权总医官前往东北治理鼠疫，他设计了“伍氏口罩”，让国人第一次用口罩预防传染病，对染疫者实行隔离，提倡分餐制等。疫情结束后，伍连德博士为疫情溯源之事来到满洲里，住在尼基金大饭店（现满洲里大饭店），饭店老板为感谢伍连德博士防疫救人功绩，让厨师做一道既特别又好吃的菜招待伍连德先生。厨师绞尽脑汁，忽然脑洞大开，用呼伦贝尔草原上的羊和呼伦湖里的鲤鱼作为食材，将其肉打碎，加入调料做成丸子。一道汤鲜丸美的鱼羊鲜受到了伍连德先生的称赞。自此，鱼羊鲜得以在呼伦贝尔流传。

现在，鱼羊鲜又有了新做法，即将鲫鱼洗净，剪掉鱼鳍，用盐搓洗鱼表皮粘液后用开水烫至鱼皮起皱，再将羊肉馅酿进鱼的肚子里，鱼上加调好的味汁上屉蒸30分钟，上菜时原汁勾薄芡浇在上面即可，味道也是极其鲜美的。

美食的诞生离不开人们的创意。呼伦贝尔的鱼羊鲜，是食客们在寻觅美食的路上不得不尝的至味。

羊血汤

在呼伦贝尔大草原，不但羊肉能做出各种美味，羊杂、羊血也能产生令人垂涎的美味。羊血汤是一道看似制作简单，却味道极其鲜美的羹汤，是令人喝过不忘的美味。

羊血汤是一道以纯羊血为原料的汤菜。在杀羊时从羊脖子的动脉处抹杀，脖子下面放一个盆，里面有面，羊血流入盆里，边接羊血边和面搅合，直到搅匀成血豆腐样。具体制作流程是：起锅烧油，放入调味料炝锅，加入羊肉汤大火烧开，将已经煮熟的羊血抹成丝，放入锅中，煮出香味，调味放入胡椒、葱花、香菜即可。出锅时汤酸爽香辣，血入口即化。羊血有止血、治跌打损伤的功效，除了含有水分外，基本是蛋白质，故羊血汤又是一道颇具营养的汤菜。

在繁多的美食海洋里，羊血汤能够端上餐桌以飨食客，靠的就是其独特的滋味。据传该汤还曾用来招待过很多贵宾，也令他们念念不忘。

羊血汤的味道只有在你喝过之后才能领会。虽然食材简单，却始终味美如初，成为呼伦贝尔宾馆的传统当家菜。

肚包肉

关于肚包肉的来历说法不一，其中一种是说早期游牧民族不具备炊具，就将羊肚当锅，将羊肉块塞入羊肚里，再将烧红的石头也放进羊肚里，扎紧羊肚，利用石头的高温将羊肚里的肉块烤熟。那时的肚包肉是用整个羊肚将肉包进去制作的，虽然味美好吃，但做好后再分食比较麻烦。随着饮食文化和烹饪技艺的发展，有民间美食者把羊肚分成若干等份，将腌制好的羊肉块包进分成等份的羊肚里，再扎紧开口，这样做出的肚包肉，不但保留了好吃的味道，而且适合餐桌上每个人各自取食。1984 年，在中俄蒙美食文化节上，这种小等份的肚包肉正式亮相。

如今，一般饭店里肚包肉的做法，是把羊肚清洗干净后分成若干等份，羊肉切成小块放在盘子里，加入各种调料进行腌制，腌好的羊肉块放进分成等份的羊肚里，用针线缝好开口，再往羊肚表面撒上食盐和适量白胡椒粉，最后把羊肚放在电压力锅里，加入没过羊肚表面的冷水，放入葱、姜、花椒、料酒等调料进行煲制。

做好的肚包肉，透亮鲜美，用刀划开，肚里满满的羊肉块散发着特别的肉香。羊肚表皮口感筋道，吃起来特别有嚼劲，里面的羊肉软烂醇香，鲜嫩多汁。

羊肉的营养价值在《本草纲目》中描述得很清楚，能“暖中补虚，补中益气，开胃健身，益肾气，养胆明目，治虚劳寒冷，五劳七伤”。

生活的境遇往往能激发人们的智慧从而获得美食，肚包肉别致的做法和别致的口感，使之成为人们餐桌上的佳肴。

松茸煲羊肉

松茸是森林里的精灵，餐桌上的宠儿。

拥有莽莽苍苍大森林的呼伦贝尔，具有得天独厚适合松茸生长的自然环境。被称为“菌中之王”的松茸，不但是菇中珍品，更是国家二级濒危保护物种。

大兴安岭的松茸对生长环境的要求非常苛刻，它只能生长在没有任何污染和人为干预的原始森林中。而且大兴安岭的松茸孢子还要历经寒冬的考验，有着不同凡响的生长历程，这使得大兴安岭松茸更显珍贵。到目前为止，松茸都无法人工培养，每一支松茸的诞生都是造物的奇迹。

北宋《证类本草》记载了1748种中草药，其中松茸因强身、健体、美容而名列其中。松茸含有独一无二的抗癌物质松茸醇，是世界上珍稀名贵的天然药用菌类。人们认为，常食松茸具有强精补肾、健脑益智和抗癌等作用。

松茸有多种食用方法，可以溜、炒、涮、烤、煲等，也可以晾干长期食用。新鲜的松茸有着特别的浓香，口感如鲍鱼，润滑爽口；干的松茸泡发后口感如鲜。

将松茸与羊肉煲汤食用，实为一道进补珍肴。尤其是大兴安岭的野生松茸煲呼伦贝尔的羊肉，在时间的煲煮中，其味之鲜之美堪称人间至味。

香酥小羊腿

香酥小羊腿是草原牧区常食的美食，一般有贵宾到来，餐桌上都会有这道菜品。这样的名吃，在内蒙古的草原牧区比较常见。

来到呼伦贝尔，绝对应该品尝香酥小羊腿这道美食。呼伦贝尔的优质羊肉，造就了这道菜品的品质和口感，也显示着草原牧民待客的慷慨。

香酥小羊腿是将羊腿下面部位（一般称羊小腿），先经腌制再卤熟后，下油锅炸至焦酥而成，看一眼外焦里嫩、肉质酥烂，闻一闻味香浓厚、令人垂涎，真是一款老幼咸宜的肉食美味。

虽然在内蒙古草原牧区，香酥小羊腿是各地都有的一道传统美食，但不同地域的烤制方法会带来不一样的味觉感受。各美其美的美食，终是一个为人类提供美味、满足人类对于美味的追求和探寻的结果。

追求美食是追求美好生活的内容之一。美食家们，就从品尝呼伦贝尔香酥小羊腿开始你的美食之旅吧。

羊肠

在牧区，大凡宰杀羊后，都会把羊肠取出，用水把羊肠洗干净，把羊血或肉馅灌进去，做成羊血肠或者羊肉肠。

羊血肠的做法是，将新鲜的羊血加入面和各种调味料搅拌均匀备用；羊肠清洗干净后，将调好的羊血灌入羊肠内封口，凉水下锅，放入葱、姜，小火慢炖；快熟时用牙签扎几个小孔放气，待血肠浮起，肠成灰白色，约八成熟，便立即起锅，盛入盘内，割而食之。

肉肠的做法是，用里脊肉或者其他部位的羊肉切成肉馅，掺进沙葱、盐及各种调料，撒上一些炒面，将肉馅装填进肠子里，再扎紧口，用清水再次冲洗，然后就可以冷水下锅，煮熟后捞出，切成约三寸长的段，盛盘上桌。

还有的地方将鲜羊肉、鲜羊肚切碎灌入羊肠中，编成辫状，小火慢煮而成，也是一道具有美感的菜肴。

在长期的生活中，蒙古族妇女花心思把羊肠制成了各式花色，外形有编成马鞭形的、辫子形的等，肠内装的食材各有不同，有肉肠、血肠，还有杂碎肠、三色肠等。羊肠上桌后要蘸着捣好的蒜泥汁或者野韭菜花酱吃，更凸显了羊肠的鲜嫩和香味。

北魏时期贾思勰所著的《齐民要术》中记载："取羊盘肠，净洗之。细羊肉，令如笼肉。细切葱白，盐、豉汁、姜、椒末调和，令咸淡适口，以灌肠。两条夹而炙之。割食，甚香美。"

不论是羊血肠羊肉肠还是其他羊肠，均营养丰富，补气滋阴，暖中补虚，开胃健脾。草原上的羊肉灌肠和羊血灌肠都是十分受欢迎的菜肴，一般和手扒肉同时上桌招待客人。

餐饮里的"味"字，充满了无限的可能性。草原上的牧人们用羊肠创造了各种羊肠美食，奉献了别样美味。

盘肠

鞭肠

羊肉肠

三烀一炸

烀，一种古老的烹饪方法。用少量的水，把食材放在锅里，盖紧锅盖，边蒸边煮。现实中的三烀一炸，“三烀”就是先往锅里放入适量的水，把刚刚采摘的土豆、玉米、茄子清洗干净，放入锅内蒸煮20分钟就熟透了，出锅之后，码在大盘中。“一炸”就是往锅内加油，把三四个鸡蛋打散，入锅炒碎，再把东北大酱倒入锅内翻炒出锅。用蒸熟的土豆和茄子蘸着炸酱吃。因为蒸熟的土豆、茄子、玉米味道清淡，炸好的酱味浓厚醇香，口感软滑，和土豆、茄子是绝配，非常受欢迎。尤其是上年纪的老人和怕胖的女人们更加喜欢。多吃不胀胃，长吃定减肥，是它鲜明的特色。

此菜有明显的季节性，从入秋开始，农家的菜园子就活跃起来，常常是边采摘边清洗边上锅制作，非常方便快捷。历史上这道菜沿着嫩江流域，首先在呼伦贝尔岭东扎兰屯市、阿荣旗一带兴起，改革开放后迅速普及到呼伦贝尔市全境，特别是在满洲里、海拉尔、额尔古纳等旅游热点城市，成为游客餐桌上最受欢迎的家常菜。

好味道出自民间，黑土地上的家常菜，已成为餐桌上的长青美味。近些年来经过创新，三烀一炸已经变成了五烀一炸，又加上了南瓜和胡萝卜。内容更丰富，色泽更鲜艳，营养更全面，也更加受欢迎。

呼伦湖秀丽白虾

呼伦湖秀丽白虾产于呼伦湖天然水域，为野生白虾。

呼伦湖地处呼伦贝尔大草原腹地，是中国第四大淡水湖。呼伦湖区河流湖泊广布，地下水资源丰富，有近一个世纪的渔业生产史，湖里有秀丽白虾等 30 多种鱼虾。

呼伦湖的水以天然饵料丰富、湖水面积广阔、洁净无工业污染、有三条河为水源吞吐而著称。

呼伦湖秀丽白虾就生长在这片广阔天然的水域里，是呼伦湖中唯一的经济虾类，也是呼伦贝尔最著名的特产之一，还是国家农产品地理标志保护产品。

呼伦湖秀丽白虾富含蛋白质和十余种氨基酸，是高蛋白、低脂肪生物，肉质细嫩鲜美，营养价值极高。

呼伦湖秀丽白虾最简单的吃法便是水煮，最有特色的吃法是干炸。将鲜活的白虾洗干净，去除沙子后焯水冲凉，加入盐、料酒、胡椒粉调味，拌入面粉，入油锅炸至色泽金黄酥脆即可。热油锁住虾肉后立刻爆出鲜甜酥香的味道，放进嘴里，酥嫩鲜香，回味无穷。

不可多得的野生白虾，是大自然的慷慨馈赠，去呼伦湖旅游时一定要去尝尝呼伦湖秀丽白虾。

双柳鱼汤

双柳鱼汤是用柳蒿芽和柳根鱼熬制的汤。两样简单的野生食材生成了一道美味鱼汤，给了食客舌尖上的惊喜。与这道菜相遇，是在根河市“根河印象”主题餐厅。

传说达斡尔先民在河里捕鱼，又在河边支锅炖煮，鱼汤很鲜，但缺少蔬菜。后来渔民发现了柳蒿芽，采来放进鱼锅里，鱼汤竟然格外鲜美。于是，双柳鱼汤便为大家接受了。

根河这座“中国冷极”的城市，风光秀丽，河流纵横，森林葱郁，为柳蒿芽和柳根鱼的生长提供了优越的自然条件。柳根鱼是珍贵的冷水鱼，为江河野生鱼类之一，非常适合在根河水域生长。而有水的地方就有柳蒿芽，河流交错的岸边又是柳蒿芽恣意生长的沃野。一个在水里，一个在岸边，双柳相遇，亦是传奇，佐以厨师们的厨艺和智慧，这道传统美食得以传承，成为“根河印象”餐厅的主打菜肴之一。

这是一道营养搭配合理的汤菜，将柳根鱼大火熬制成奶白色，使鱼的营养成分充分发挥出来，再配以野生柳蒿芽，微苦的柳蒿芽与鲜香的柳根鱼熬出了别样口感的一款鱼汤。

柳蒿芽具有清热解毒、去腥除腻的功效，而柳根鱼能提供蛋白质和人体所需的不饱和脂肪酸，双柳合璧，堪称完美，极具营养。

双柳鱼汤，两道山野食材的结合，不仅仅是野生的味道，更有山水的味道，自然的味道，还有人情的味道。

酱焖柳根鱼

河流众多是呼伦贝尔的特色，在这些河流中，生长着一种罕见的冷水鱼——柳根鱼，它们因平时喜欢躲藏在河边柳树根底下而得名。小河边儿柳树根部的泥土往往被水冲刷成空洞，成为柳根鱼喜爱的藏身之地，柳根鱼又叫“柳根子”应该就是源于此。

柳根鱼特别耐寒，对水温和水质要求极高，多栖息于水温较低、水质清澈的小河和山间溪流中。

一般来说，自然界中生长缓慢的东西往往都是营养价值高的浓缩精品。有专家称柳根鱼为最原始的鱼类之一，它生长缓慢，体型长度只有手掌大小，3 年体长仅 13 厘米，身体细如小棍，其肉质细嫩紧致、富含胶质以及蛋白质，营养价值很高，是一种健康美味、极具地方特色的野生小型风味鱼类。当地人说，经常吃柳根鱼，大补身体，耐寒抗冻不感冒。

新鲜的柳根鱼作法很多，可以酥炸、油煎、酱焖等。酱焖柳根鱼较好地保留了鱼本身的鲜嫩与营养，柳根鱼鳞细、骨软、肉嫩、味鲜，用酱焖出来的小鱼带着自身的鲜味与酱的浓香，人们常常会把它连头带骨都吞下肚子，还意犹未尽。

柳根鱼只有在呼伦贝尔林区或者黑龙江北部的冷水河流域才能见到。稀罕的东西最值得一试，柳根鱼值得品尝。

朝鲜族包肉

朝鲜族包肉是以五花肉、生菜为主料的菜品，基本做法是，将五花肉切好，放到烤盘上煎烤，撒上细盐，肉烤熟后撒上烤肉粉或烤肉酱，放在洗好的生菜里包着吃即可。也有人会将烤好的肉片用青椒包着吃。不论是配着生菜还是青椒，烤好的肉片和生的菜一起吃，焦香和生脆的结合，营造出了一种惬意的脆爽感觉。

呼伦贝尔市阿荣旗的新发朝鲜民族乡，有正宗的朝鲜族美食，主要的烹调方法是煎、烤、煮、炒、氽等，菜肴多清淡、软烂、脆爽，口味酸甜辣咸俱全。主食以米饭为主，其次是冷面和米糕、打糕，咸菜品种丰富，式样美观，非常可口。最有名气的就是大家都爱吃的朝鲜族包肉了，吃一口包肉，再吃一口脆爽的辣白菜，喝一口大酱汤，真是太过瘾了。

爱吃朝鲜族美食的不乏其人，爱吃朝鲜族包肉的人更是不在少数。如果想尝试朝鲜族各式美食，阿荣旗新发朝鲜民族乡，是去呼伦贝尔旅游的人们应该去打卡的地方。

南屯牛排

呼伦贝尔的牛肉是很有名气的，南屯牛肉更是名声在外。“南屯”为鄂温克族自治旗所在地巴彦托海镇的俗称，是一个多民族共同生活的草原城镇。在整个呼伦贝尔草原，鄂温克旗草原是草质最好的地方之一，因此，这里的牛肉与西旗的羊肉一样，都是本地与外地商客的首选。

南屯牛肉有着草原草饲牛肉的特点，新鲜的牛肉有光泽，红色均匀偏暗，脂肪为黄色并且弹性良好，通常称为“黄膘牛肉”。黄膘牛肉吃起来醇香浓厚，口感有韧性。南屯牛肉好吃的原因还有就是用的是去势的公牛和不育的母牛。这里的牛最大的特点就是春、夏、秋三季都是在草原上散养，即使冬季圈养主要喂的也是干草。在不同的季节牛群吃不同的牧草，草原上到处是沙葱和碱草，牛儿平时就散放在草原上，活动量大，心情好，这样的牛肉无污染，纯天然，肉质更加紧实，口感更好。

食客们最爱吃的南屯牛排一般用清水炖煮，熟后蘸着自酿的野韭菜花酱吃，那原汁原味肥瘦相间的牛肉香味与野韭菜花的自然咸香碰撞出令味蕾惊喜舌尖欢腾的滋味。南屯牛排，与一个地名一起进入岁月的更迭，这是对这道美食莫大的赞美和肯定。

以南屯牛肉为代表的呼伦贝尔牛肉，出自得天独厚的黄金草场。优质的牧场环境造就了呼伦贝尔全域牛肉的优良品质，以肉质好、蛋白高、低脂肪、肉质鲜嫩和香味独特等优点，扬名海内外。

中医认为，牛肉有补中益气、滋养脾胃、强健筋骨、化痰息风、止咳止涎的功能。牛肉丰富的蛋白质、氨基酸，能提高机体抗病能力，对人体有进补作用。牛肉的营养价值是大家公认的。

高端的食材，往往只需要最简单的烹饪方式。呼伦贝尔牛肉可烤、可煮、可炖、可煎、可涮……，无须放很多调料，无论怎样做，都是人间美味，其特有的肉香令食客无不交口称赞。

无论是厨师还是食客，对于好食材总是青睐有加。好食材出好味道，这是一条永恒的原则。

清水煮南屯牛排

松扒牛板肉

俄式套餐

俄式套餐一般是俄罗斯族朋友到餐馆聚餐时常选的菜品，它搭配合理，营养丰富，味道鲜美。

俄式套餐一般由汤、开胃菜、主菜、主食组成。汤是菜汤，种类有几十种。“吃饭喝汤，老了胃不伤”，这句话经久流传。开胃菜是沙拉，主要是由绿色蔬菜组成。主菜一般是鱼和肉，俄罗斯族是喜欢吃肉的民族，每餐必须要有肉，烤牛肉、烤羊肉、烤肉串，是他们喜欢的肉类菜品。香肠是套餐必备，俄罗斯族的香肠种类有上百种，每日每餐必有香肠，这是俄餐的特点。主食一般是面包，但比萨也非常流行。

海拉尔尼吉金餐厅制作的俄式套餐由奶油南瓜汤、俄式经典皇后沙拉、俄罗斯炙烤盘肠、俄罗斯大串拼盘、金枕榴莲比萨组成，既保留了俄罗斯族饮食的风格，又融入了其他式样餐饮的元素，是喜爱俄餐食客的不错选择。

俄罗斯炙烤盘肠

俄式经典皇后沙拉

金枕榴莲比萨

奶油南瓜汤

俄罗斯大串拼盘

烧烤

烧烤大概是人类掌握的最早的烹饪方法了，在人类的饮食进化史上，有着划时代的意义。人类祖先的第一顿烧烤大概是上天的赐予，在天火烧过的树林或草原上，人类的祖先捡拾到被火烧焦的野兽，吃起来味道无比鲜美，于是聪明的祖先开始收集和保存火种，将猎获的兽类用火烧烤着吃，逐渐摆脱了吃生肉的饮食方式。随着人类发展及社会进步，烹饪的方式也越来越多了。然而，烧烤仍然是人类钟爱的一种烹饪方式。

呼伦贝尔的烧烤，同样有着独特的魅力和悠久的历史。呼伦贝尔草原的额尔古纳河流域，是蒙古族的发祥地，他们的先祖蒙兀室韦人就是用火高手。相传，原始蒙古部落在与突厥部落发生战争时，整个部落只剩下两男两女，逃进了一座叫“额尔古涅昆”的大山里隐居起来。额尔古涅昆四周是陡峭险崖和茂密森林，除了仅有的一条难以通行的羊肠小路，别无出路。随着时间推移，额尔古涅昆人丁大增，日益显得地窄人稠，拥挤不堪的状况迫使他们谋求出山，以寻找更广阔的天地。他们决定熔铁出山。于是男女老少齐动员，积木为薪，伐木为炭，宰杀了70多头牛马，剥得皮张做成风箱，在山下的火堆旁鼓风助火，熊熊的烈火终于烧得铁水奔流，冲开一条大道。他们顺着这条大道，开始了全族的大迁徙，从狭窄的山谷来到了辽阔的草原，开始了游牧生活的新纪元。当然那七十多头牛马的肉也成了他们庆祝出山的烧烤美食。

在呼伦贝尔，烧烤无处不在，尤其是当时生活在大森林的鄂伦春人和鄂温克人，烧烤是他们的基本饮食方式，历史上他们猎获的猎物，最简单的办法就是捡来树枝就地烧烤。

元朝时期，羊类烧烤是皇室的珍味。明清时期，烧烤食品更加普及。随着人类文明的发展与烹饪的进步，烧烤技艺越来越普及越成熟，发展至今，烧烤的花样越来越多，国内许多城市都有自己特有的烧烤方式。烧烤为什么会经久不衰，越来越受追捧呢？原因就在于它烤出的香味，在空气里四散，极大地吸引和诱惑着人们的嗅觉神经。

呼伦贝尔当地产的优质牛羊肉，就是烧烤的最佳原料食材。如果在海拉尔，夏季烧烤绝不能错过，烤羊肉、烤牛肉、烤小串，就着海拉尔啤酒，一口串一口酒，那才过瘾。更有烤羊排、烤羊腿、鄂伦春烤肉串、烤驯鹿肉串、俄罗斯大串等，成为呼伦贝尔烧烤系列中最受欢迎，最有魅力的烧烤美味。

烧烤，是一种令人闻香而来的魅力美食。

烤全羊

烤全牛

烤羊腿

山野菜

呼伦贝尔是山野菜的王国。一碧千里的呼伦贝尔，气候温润，林木繁茂，最适合山野菜和菌类的生长，无论是草原上，森林里还是河边，都有山野菜的身影。据不完全统计，呼伦贝尔可食用的山野菜多达百种。人们常见常食的就有柳蒿芽、山芹菜、四叶菜、蕨菜、婆婆丁、野韭菜花，等等。尤其是四五月份，更是野菜的收获季，这时候的野菜鲜嫩欲滴，食用正当时，采多了吃不完，可以晾干了在其他季节食用。去河边或上山采撷山野菜也成了许多人的乐事，带着大自然清香的山野菜，闻着就让人心旷神怡。

这些山野菜，没有化肥的污染，也没有人为的干预，在蓝天碧野的净土里恣意生长，吸取着天地灵气，显示着勃勃生机。呼伦贝尔人都喜食山野菜，也特别会做山野菜，无论是饭店餐厅还是民间家常，凡有烟火气的地方，都会有山野菜。仅柳蒿芽就有多种做法，如柳蒿芽丸子、柳蒿芽炖排骨、柳蒿芽饼、柳蒿芽汤等等；山芹菜也是有多种吃法，山芹菜饺子、山芹菜包子、凉拌山芹菜等等；野韭菜花可以腌制、也可以做成韭菜花酱；四叶菜可以凉拌、可以炸制；黄花菜吃法就更多了……，林林总总的山野菜，说不完，吃不够，成为呼伦贝尔餐桌上不可或缺的养生菜、健康菜，成为呼伦贝尔餐桌上的宠儿。

人们怀着对山野菜的喜爱，在不断的尝试中寻求着转化的灵感，书写着关于山野菜的传奇。

四叶菜炖双豆

肉丝炒蕨菜

拔丝酸梅姜

山芹菜炖排骨

风干肉

风干肉是游牧民族储存肉食的一种智慧的方法，不论牛肉羊肉，都是可以进行风干储存的。

风干肉亦称作肉干。现代社会，一般人们所称肉干，多指牛肉干或羊肉干，不论是牛肉干还是羊肉干都深受人们喜爱。

在牧区，肉干一般是在冬季制作。传统的制作方法是，选用没有筋、没有脂肪的瘦牛肉，改刀切成条状，用盐等调料腌制一下，直接挂在外面或凉房里风干即可。夏天制作则需要在肉外面抹一层面，以防苍蝇叮咬，然后挂到阴凉有风的地方，等待时间来打理。风干羊肉的做法基本上与风干牛肉相同。风干肉的吃法较多，可以直接吃，也可以用油炸着吃，还可以炖菜或做肉干面等。

草原上自从有了肉干，人们的生活就方便多了。历史上游牧民族无论是作战还是迁徙，肉干都可以作为干粮带在身边，随吃随取，迅速补充体力。如今，市场上的肉干已经成为产业，呼伦贝尔的牛羊肉肉质优良，做出的肉干一直以来都是市场的宠儿、食客的最爱，也成为人们来呼伦贝尔旅游的必买品。

在保鲜科技发达的今天，传统的肉食风干法依然有着它的魅力，能让我们获得与新鲜食品截然不同，甚至更加醇厚浓郁的味道。这些被风和时间二次制造出来的食物，给人们提供了别样滋味和特殊感触。

卜留克

卜留克又称“芜菁甘蓝”。原产于欧洲地中海沿岸，清光绪年间引入我国种植。20 世纪初，又由俄罗斯引入我国东北的大兴安岭地区种植。目前，我国东北、华北、华东地区都有种植。呼伦贝尔的自然条件非常适合卜留克生长，这里产出的卜留克，天然绿色，没有任何污染，成为全国农产品地理标志产品。

天然的食材总是能更多地受到人们的青睐，呼伦贝尔的人们能将卜留克烹饪出十几种菜肴样式端上餐桌。最原汁原味的应属凉拌卜留克，完全保留了卜留克原始的清香和“鲜、香、嫩、脆”的风味，并且清爽解腻。卜留克不但可以凉拌，还可以和肉丝一起热炒、做馅等等，做成酱菜的卜留克在市场上也很受欢迎。总之，卜留克吃法多样，荤素皆宜。

据检测，卜留克含有人体必需的 17 种氨基酸及 25 种矿物质元素，可以称得上是蔬菜家族中的 VC 之王，被誉为“东北小人参”。卜留克的食用药用功效，让它成为馈赠亲友、招待宾朋的上等佳品。

简单的食材，往往能够成就多样的美食，卜留克就这样在餐桌上花式出现，博得人们的赞许。

卜留克炒鹿肉丝

卜留克

草原白蘑

产于呼伦贝尔大草原的草原白蘑，是伞菌中珍贵的品种，吸纳了大自然的精华。

白蘑的生长环境很特殊，在草原上采过白蘑的人都知道，在一场雨后的草原上，常常会碰到蘑菇圈，硕大肥厚的白蘑常常在一个直径为十几米或二十几米的圈子里恣意生长，采蘑菇的人看到这样的蘑菇圈都会高兴得手舞足蹈。有时一个蘑菇圈就能采到五六十斤白蘑，这其中有什么奥秘呢？原来，形成蘑菇圈的地方基本上都是牧民冬营盘或夏营盘游牧时遗弃的羊圈遗址，因为有羊粪的养料，所以这一圈不光蘑菇长得好，牧草也长得格外茂盛。

白蘑选中了呼伦贝尔大草原，就是因为这里夏季气候温凉湿润，光照时间较长，白蘑有着良好的生长环境。每年 8—9 月为白蘑最佳采摘时期，也是采蘑人的狂欢节。

白蘑形状如伞，洁如玉盘，嫩如鲜笋，含有丰富的蛋白质、维生素及钾、钙、铁、磷等矿物质。

草原白蘑除了自成菜品，也可配肉、配菜，都相得益彰，最大程度地保留了草原白蘑清鲜淡雅的菌味鲜香。

中国人自古就肯定了蘑菇的营养和药用价值，《神农本草经》认为，“蘑菇菌味甘性凉，入脾、胃、大肠经，具有益气和中、生津润燥、清热解毒的功效”。

呼伦贝尔大草原没有污染，这里盛产的白蘑深受国内外人士的欢迎。曾经从内蒙古草原运到张家口蘑菇集散地，从而享誉全国的大名鼎鼎的口蘑就是草原白蘑，谁能说这其中没有从呼伦贝尔草原辗转过去的白蘑呢？

呼伦贝尔大草原并非仅仅有白蘑，其他蘑菇种类也是非常多的，可以说是蘑菇的大家族，如牛肝菌、榛蘑、松蘑、鸡油蘑、红蘑、鸡蛋黄蘑、白香蘑等等。以草原白蘑为代表的各类蘑菇均是提鲜的佳品，不论是鲜蘑还是干蘑，菜肴里只要有了蘑菇的身影，其味之鲜之美就毋庸置疑。蘑菇的食用方法很多，可以溜炒煎炸，做馅，涮火锅等。还可以晾干，以备冬季食用，其鲜美之味不变。

如果在呼伦贝尔最好的季节来旅游，一定要去草原上采白蘑哦，相信一定是一次终身难忘的经历。

草原溜白蘑

白蘑

葱炒核桃菌

小黄蘑炒羊肉

炒榛蘑

糖溜鱼、金汤千岁针

这是两道荣获2019年“第八届全国烹饪技能竞赛总决赛”（每五年一届）冠军的菜品。莫力达瓦旗李金荣大师因这两道菜而荣获第八届全国烹饪技能竞赛中餐热菜项目总冠军，为内蒙古和呼伦贝尔争了光。

说起李金荣大师，他19岁就进入厨师行业，到如今成为烹饪大师，在厨师这条路上已经走过了30个年头。2019年他荣获“中国烹饪大师”“2019年度金厨奖”荣誉称号。为了不断提高厨艺，李金荣辗转南北各地，博采各家之长，不断精研菜品，后回乡创业，开办了乡厨子餐厅，致力于创新推广蒙餐融合菜，专研蒙古族、达斡尔族、鄂温克族、鄂伦春族的烹饪技法，充分利用呼伦贝尔嫩江流域丰富的野生鱼类、山林中的山野菜等绿色好食材，烹出了好味道，登上了全国总冠军的舞台。

糖溜鱼用的是野生雅罗鱼。将6条雅罗鱼去鳞、去内脏、去腮，刮掉鱼腹内的黑膜，清洗干净，改为一字花刀；放盐、料酒腌制；用筷子把鱼定型为U字形，放入六成热的油锅里炸至成型，改小火将鱼炸至酥脆。另起锅放入少许油、白糖熬至浅香油色，倒入盆中把鱼逐个挂上糖浆，均匀摆盘。甜香酥脆的糖溜鱼就完成了。

金汤千岁针用的是鲟鳇鱼鳃。鲟鳇鱼鳃经加工发制而成；南瓜洗净去皮、去瓤、切片，放入蒸车蒸20分钟，取出用料理机打制成泥；南瓜泥加入高汤，加盐、味精、调好备用（即为金汤）；鲟鳇鱼鳃入蒸车制10分钟，取出放入容器，浇入金汤即可。一碗咸鲜且富含胶原高蛋白高脂肪的美食就此诞生。用此鱼鳃进行加工与制作，李金荣是中国第一人。

这两道冠军菜品均是大师手笔，形味不凡。糖溜鱼的甜香与蛋白的结合，鲟鳇鱼鳃的咸鲜别味，都令你的味蕾惊喜异常。如果你想品尝冠军菜品的味道，赶紧打卡莫力达瓦旗乡厨子餐厅吧。

糖溜鱼

金汤千岁针

味之萃

宴 席

在中华餐饮文化之林，宴席是一个国家、一个地区餐饮水平的最高体现形式。呼伦贝尔宴席是厨师团队厨艺的整体呈现，多彩的宴席反映出多元的文化。

呼伦贝尔全羊宴

全羊宴是从元代宫廷御膳继承下来的一种宴席，有着浓烈的民族风味和地方特色，色、香、味、形俱佳，是蒙古民族餐饮中的餐中之尊。

全羊宴又称全羊大宴，是蒙古民族在长期的烹羊过程中逐渐形成的一种丰盛且带有北方游牧民族特色的宴席，也是蒙古民族最隆重的一道宴席，曾经是宫廷宴请伊斯兰国使节和重要蒙古王公贵族的最高宴席。全羊宴与满汉全席齐名，在宫廷宴席及高规格接

待宴席中具有重要影响和地位。《蒙古秘史》中记载，成吉思汗初定天下后曾多次大宴功臣，摆设的就是全羊庆功大宴。

所谓全羊宴，是指用羊的不同部位，烹制出各种不同品名、不同口味的菜肴，也就是由头到脚每一处都是一个菜，有的部位可以做出两三道甚至更多的菜品来，比如一个羊头就可以做出16种美味菜品。历史上全羊宴最少要有44道菜，最高达到72道。呼伦贝尔宾馆的厨师团队，本着传承与弘扬蒙餐文化的初心，依据史料记载和民间传说，用智慧和精湛的厨艺研发还原了曾经只有在宫廷的盛宴上才能见到的全羊宴。以羊身上15个部位的肉品，采取14种加工技法，用13种配料巧妙搭配，结合现代宴席的标准，进行了精简，浓缩至22道菜品来呈现，其中凉菜6道，热菜12道，面食3道，汤1道，制成了一桌全羊宴席，有呼伦贝尔包山羊、肚包羊肉、泉水煮羊蹄、羊血汤、樱桃

羊肝、雁蛋松茸蒸羊脑等，每一道菜都技法独特，各呈精彩，各有风味，美不胜收。并且菜品均按照蒙餐标准完成了全羊宴席的制定，填补了一项空白，让全羊宴穿越历史时空与我们相见，使我们有幸目睹这一盛宴。

当然，鉴于全羊宴制作的复杂性及隆重性，即使在今天，全羊宴也只有在盛大场合才会华丽出场。

宴席制作：呼伦贝尔宾馆
凉菜：丁志、张荣辉、郭岩龙
热菜：王福兴、耿永双、赵伟、陈兴国、
徐殿军、李文龙、唐雪军、王新聃
主食：高学玉、武国利、王福兴

羊腱柳蒿芽冻

呼伦贝尔包山羊

蓝莓奶皮卷

炝拌顺风翠

香卤明镜

蒸手扒肉

肚包羊肉

羊舌酿羊肚菌

樱桃羊肝

雁蛋松茸蒸羊脑

沙葱拌羊衣

玉书扒羊方

泉水煮羊蹄

养生鲜羊宝

牡丹羊腰

果木熏羊尾芯

酥羊尾

羊血汤

素溜草原白蘑

蓝莓饼

千层山丁饼

酸羊乳

沙葱羊肉烧麦

蒙古奶食

呼伦贝尔养生宴

我国传统养生文化源远流长，博大精深，古往今来已为人们不断挖掘和阐释，也被一代又一代人深切感知和身体力行。饮食养生是古人养生的主要观点之一，《黄帝内经》中“五谷为养，五果为助，五畜为益，五菜为充”的观点，被誉为世界上最早论述合理营养与平衡膳食的理论，堪称中华民族饮食和营养的纲要。

随着社会的发展，现代人对于养生，特别是饮食养生，更加重视，并且在实践中不断尝试。地处大兴安岭怀抱的呼伦贝尔，青山绿水，满目葱茏，其自然环境和自然资源正是许多人瞩目的地方。呼伦贝尔的野生植物资源相当丰富，可食用植物和菌类多达百种，呼伦贝尔不仅仅是人们所说的天然大氧吧，更是一座天然植物园。

大自然的慷慨馈赠，让呼伦贝尔有着得天独厚的关于自然养生的优势，尤其是在饮

食养生方面，呼伦贝尔人餐桌上习惯吃的有野生植物，如柳蒿芽、山芹菜、蕨菜、四叶菜等，喝的有野生果汁，如蓝莓汁、沙棘汁等，这是呼伦贝尔人的自豪和骄傲。呼伦贝尔宾馆的厨师们利用这些优势和人们的饮食习惯，研发了养生宴，各类食用山野菜、菌类在厨师们的巧妙搭配和制作下，尽显风采，如养生野菜、草原双珍、松茸煲羊肉、陈皮牛肉、百花酿鸡血蘑、脆皮野菜、罐焖鹿肉、养生荞面、羊血汤等等，口味丰富，目不暇接。养生宴还曾获“中华名宴”荣誉称号。

养生宴，是呼伦贝尔宾馆的厨师们运用精湛技艺，适度、巧妙地利用自然的馈赠，获得质朴美味的产物，也是把生存的智慧和对自然的景仰系于心中而给予的完美呈现。

制作：呼伦贝尔宾馆
凉菜：丁志、张荣惠、郭本海
热菜：王福兴、陈兴国、耿永双、王俊文、司毅、石宁、于海龙、徐殿军、
李文龙、朱恒林、赵伟
面点：武国利、高学玉、何艳君

香薰白鱼

百花酿鸡血蘑

陈皮牛肉

养生野菜

草原双珍

脆皮野菜

羊血汤

蓝莓山楂

松茸煲羊肉

榛果松鼠鱼

烤牛背

额吉炒饭

野果奶飘香

福禄蹬高虾

蓝莓饼

罐焖鹿肉

养生荞面

串饼

布里亚特包子

金钩四叶菜

鹿鸣春辉

香飘奶茶

自制酸奶

呼伦湖全鱼宴

八百里呼伦湖，碧波万顷，好似一颗晶莹硕大的明珠，镶嵌在呼伦贝尔草原上。呼伦湖也称达赉湖、呼伦池，是中国第五大湖泊，也是内蒙古第一大湖。

呼伦湖不仅是一片浩大的水域，更是有着悠久历史和灿烂文化的地方。历史上，以呼伦湖和贝尔湖为中心的呼伦贝尔草原，一直是古代北方游牧民族活动的历史舞台，很多古代北方民族曾在这里繁衍生息，交替游牧。呼伦湖区堪称中国古代北方游牧民族成长的摇篮。

如今呼伦湖已成为旅游胜地，四面八方的人来到呼伦贝尔必定要去呼伦湖看看，而且必定要去呼伦湖畔的呼伦湖旅游景区品尝著名的全鱼宴。全鱼宴，是选取呼伦湖的各色野生鱼，由呼伦湖旅游景区的厨师们运用高超的厨艺，通过煎炸溜炖等多种技法，在口味及造型上赋予巧思妙想，从而呈现出来的色香味形俱佳的宴席。根据鱼的造型赋予

了各种美妙的菜名，如呼伦之飞跃、八宝鲢鱼头、鱼茸酿莲藕、松鼠觅香源等，形美味香，令人垂涎。算起来，来呼伦湖品鉴过全鱼宴的大约有几百万人。

呼伦湖畔小河口饭店，经营了四五十年，尤其以烹制呼伦湖的鱼最有名气。他们做的全鱼宴在2014年被评为“中国名宴”，在全国餐饮界都有影响。

最近十几年来，由于气候变化，呼伦湖水位急剧下降，这引起了党中央和国家主要领导同志的关注。国家强调要下大力气保护这颗草原上的明珠。尤其是最近五六年来，随着地方加大环境治理的力度，湖水发生了很大变化，水面面积已恢复到2200多平方公里，几乎达到历史最好水平。生态环境越来越好，现在的呼伦湖鱼类很多，鸟类很多，芦苇开始茁壮成长。呼伦湖正以全新的面貌迎接八方来客。

宴席制作：内蒙古呼伦贝尔呼伦湖渔业有限公司呼伦湖旅游景区
林新福、夏广才、赵树海、李跃勤

呼伦之飞跃

葱油湖鲤鱼

松鼠觅香源

飞燕归暖巢

栓马巨石

八宝鲢鱼头

垂钓一湾鱼

梅迎瑞雪

兰香馥郁

竹报平安

菊品清高

金钱鱼饺

鲍汁河蚌片

鱼籽炒饭

鱼茸酿莲藕

奶汤桔瓣氽

莫力达瓦风味宴

在美丽富饶的嫩江两岸，生活着以农业为主、兼事畜牧业和渔猎业的达斡尔族。达斡尔族是中国北方具有悠久历史和农业文化的民族，“达斡尔”意为“耕耘者”。这个智慧的民族不但耕耘着家乡土地，也耕耘着饮食园地。

达斡尔族生活的地方，山川秀美，水草丰茂，植被茂盛，飞禽走兽、鱼类、食用菌、山野菜、野果漫山遍野，家养畜禽、粮食、蔬菜等种类繁多。富饶之地不但滋养哺育了勤劳智慧的达斡尔族，也创造了富有特色的饮食文化。达斡尔族的主食有米食和面食，米食主要以大米、小米为主，面食以白面为主，传统的稷子米、荞面、燕麦等成为稀少食品。肉食曾以野生动物为主，随着保护野生动物的观念深入人心，狩猎减少，家养的猪、牛羊、鸡成为主要肉食。

经过长期与其他民族的交往、交流、交融，达斡尔族在饮食技艺上有了很大的发展，熟练运用了熘、炒、炸、扒、酱、蒸、扣、氽、焖等做法，极大地丰富了达斡尔饮食技艺和文化。达斡尔族宴席是达斡尔族饮食文化的集中体现，厨师们运用精湛的厨艺，让柳蒿芽、老山芹等山野菜的味道与鱼类肉类的味道，在餐桌上融合出了令人惊喜赞叹的美妙佳肴。达斡尔族对于大自然的情愫在美味菜肴上得以尽情表述，如柳蒿芽肥肠、达斡尔族炖菜、酱杂鱼、柳蒿芽煎蛋等，花色各异，风味别致，一尝不忘。

这一桌宴席，呈现着达斡尔族的饮食特色和厨艺水平，显示着各民族厨艺的互相借鉴和交流，见证着餐饮文化融合的特色和亮点。

菜品制作：李金荣技能大师工作室

李金荣、曲喜明、李培月、张成

达斡尔南瓜小米粥

达斡尔牛奶面片

酱杂鱼

柳蒿芽炖肥肠

鱼坯子

里脊炝柳蒿芽

柳蒿芽煎鸡蛋

鲜炸柳蒿芽

盐焗江鲶鱼

小鱼粥

山丁子饼

柳蒿芽丸子

额尔古纳迎宾宴

到呼伦贝尔大草原旅游，额尔古纳河流域是必去的打卡地。历史学家考证，额尔古纳河流域是蒙古族发祥的地区，额尔古纳河是蒙古族的母亲河。公元七八世纪的蒙古族先民蒙兀室韦人，就是从这条河的下游森林走向源头的草原，从历史的后院走向历史的前台。1689年，中俄两国签订了重要的“中俄尼布楚条约”，从此，额尔古纳河成为中国和俄罗斯的界河。两岸的边民从事着贸易、淘金和耕种土地，他们互通往来，更有不少俄罗斯人越过额尔古纳河来中国定居。300多年来，俄罗斯西伯利亚和远东地区几次人口大迁徙和中国山东、河北人的“闯关东”，让生活在这里的俄罗斯人和中国人在长期的生产生活中，有了通婚和民族间的交往、交流、交融。因此，在今天这条河边生活着一群历史并不悠久的混血族群，即额尔古纳俄罗斯族。

额尔古纳市有一个恩和俄罗斯民族乡，是俄罗斯族和华俄后裔主要的聚居地，在这里居住的俄罗斯后裔基本上住着木刻楞房子，喝格瓦斯饮料，吃列巴面包。他们大多说中国东北方言，少数人说俄罗斯语；饮食吃俄餐，也吃中餐。

额尔古纳迎宾宴就传承于此背景下，这桌迎宾宴有几个鲜明的特点：

首先食材主要来自当地的农耕与畜牧产品。这里的农耕与畜牧业比较发达。300多年来，这片肥沃的黑土地一直是小麦和三河牛、三河马的主要产地，面粉、牛奶、肉类也是当地产出的高品质绿色有机产品，具有原汁原味的鲜明特点。

其次它是一种融合的宴席。以俄餐为主，将当地特色餐饮巧妙组合为一体。菜品的展示形式与烹饪技法，还吸纳了时代的特点，形成了古老烹饪方式与现代技法融合的时尚味道。

汤菜是俄餐餐桌上的第一道菜，最著名的是白菜汤和红菜汤。这桌宴席中的红菜汤，在调料上做了调整，月桂叶、洋芹菜等不易在当地找到，聪明的厨师用其他调料代替，它的味道更容易被大众所接受。

列巴，就是俄译的面包。在额尔古纳的俄罗斯族，家家户户还在延续着古老的家庭式的列巴做法，使用全麦粉，运用传统制作技法，制成的列巴是餐桌上的主食。这些年来，额尔古纳的面包红火了起来，成为旅行者购买的爆款，也成了节假日赠送亲朋好友的礼品。

餐桌上的俄罗斯烤大串很有名，它也是从游牧民族那里来的。还有面皮瓦罐肉，这道名菜最早是法国烹饪大师发明的，现已经传遍了全世界，罐里的菜品以牛肉为主。肉馅菜是典型的俄罗斯菜，经过师傅的改良，浇到菜卷上的酱汁，有了本地的味道。

总之，额尔古纳迎宾宴，是呼伦贝尔地区特有的一桌宴席，特别是在重大节日、婚丧嫁娶时都是不可或缺的盛宴，是多民族共同创造的具有浓厚文化内涵的佳肴。

菜品制作：额尔古纳玛丽亚西餐厅　玛丽亚

肉饼土豆泥

裘皮沙拉

酸三拼

列巴拼盘

红汤苏巴

懒惰白菜

奶汁龙利鱼

煎排土豆条

培根土豆卷

罐焖牛肉

俄罗斯大串

亚美尼亚烤肉

俄式菜卷

芝士焗地瓜

鄂伦春情思宴

来到鄂伦春，那首脍炙人口的歌曲“高高的兴安岭，一片大森林，森林里住着勇敢的鄂伦春……”一直在耳边萦绕。

鄂伦春族分布于祖国的大、小兴安岭，是一个富饶美丽的地方，“鄂伦春”意为“住在山岭上的人”。历史上鄂伦春族在密林里以狩猎为生，那时原始森林遮天蔽日，密林里有各种珍禽异兽，河流里还有各种名贵鱼类，森林里盛产各类野菜、浆果、菌类等，特定的生态环境和生活环境，造就了鄂伦春族特定的饮食结构——野味、野菜、野果。

1953年，鄂伦春族下山定居。随着时代的发展，现在鄂伦春族的居住、穿着、饮食已经融入现代生活中。但那些曾在森林中生存的传奇和习俗，仍然保留在他们的生活和记忆中，也体现在餐饮文化里。

来到鄂伦春旗阿里河林业局宾馆，厨师们精心制作了一桌宴席，起名为“鄂伦春情思”，颇有深意。森林里的野菜、野果以及曾经的烹制技术都在宴席桌上得以再现，在煎、炸、烹、煮、炖之间，有着精巧的设计和别样的展示，如兴安四宝、金丝四叶菜、蓝莓里脊、森林之王、多拉快跑成记忆、黑猪肉养生饭等，有森林的味道，也有林区人的心意。

从深山到闹市，就烹饪而言，一双手一种味道，一桌宴一种情怀，既神秘又无可复制，很多深意无可言说，但是在肉香与菜香里却能品味出人们对森林的情感和热爱，对往事的回想与对未来的期许。

菜品制作：内蒙古阿里河国家森林公园旅游有限责任公司
热菜：杨国庆、韩颜平、聂鹏
主食：张立凤

兴安四宝

灯笼牛肉

鸾姿凤态

金丝四叶菜

象牙大排

花开富贵鱼

太极柳蒿芽豆腐

森林之王

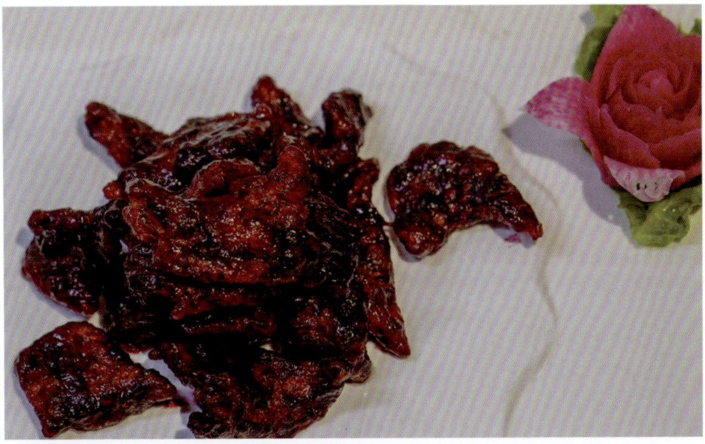

蓝莓里脊

黑猪肉养生饭

多拉快跑成记忆

蘑菇包

南瓜包

水晶福袋

刺猬偷野果

根河印象宴

根河，位于大兴安岭北段西坡，呼伦贝尔市北部，是中国最冷的城市，素有“中国冷极”之称。

一座城市有了河流，就有了灵气，如果再有大山森林，这座城市就是大自然的宠儿了。根河就是这样的城市，境内河流众多，纵横交错，森林覆盖率达到百分之九十以上。根河市就是这样一座坐落在大兴安岭腹地的原生态绿色城市。

上天的慷慨并非仅仅在于给了这里山川林木，更给了这里无尽的林下资源，根河的野生植物资源有上千种，可食用的野菜100多种，野生浆果30多种，天然菌类也有上百种。

丰富的林下资源给了根河餐饮人更多的发挥舞台和想象空间。这座城市里有一个以“根河印象”为主题的餐厅，怀着对家乡和自然的热爱，将大山里可食用的野生植物以及冷水鱼融合在他们制作的美食之中，完美地呈现了山林野味和纯天然无污染的自然味道。根河印象宴大多数菜品都有山野菜的参与，如柳蒿芽玉米饼、四叶菜山菌汤、鹿肉炒卜留克、酱香牛肝菌、牛肉小炒路基蘑、鹿肉烧麦等，各有滋味，美妙不同。尤其是双柳滋补鱼汤，是用柳蒿芽和冷水柳根鱼熬出的鱼汤，柳蒿芽的微苦与柳根鱼的鲜香产生出了一道口味别样的鲜汤。

当舌尖与这样的野味美食接触的瞬间，涌动在心间翻腾在舌尖的味道似乎是来自山野林间的气息，酝酿成人们心中浓浓的乡情。

菜品制作：呼伦贝尔市根河印象主题餐厅　王铁生

清蒸冷水细磷鱼

鹿肉炒卜留克

酱香牛肝菌

蓝莓汁

柳蒿芽玉米饼

炝拌野生蕨菜

牛肉小炒路基蘑

鹿奶列巴

焦溜野猪丸子

肉丝黄花菜

双柳滋补鱼汤

四叶菜茸鞭山菌养生煲

炭烤野猪肉

阿荣花甲宴

呼伦贝尔是一个多民族聚居地，要想吃到正宗又地道的朝鲜族特色菜，还得去阿荣旗新发朝鲜民族乡。

阿荣旗的朝鲜族，是新中国成立前从牡丹江地区不远万里来到这里，在东光村定居下来的。这里背倚大兴安岭，面眺松嫩平原，北部有阿伦河，村内地势平坦，非常适宜开垦荒地和挖渠筑坝种植水稻，迁入这里的朝鲜族把水稻种植技术带进了呼伦贝尔草原。

朝鲜民族乡有一处20年店龄的明花朝鲜传统料理，在这里见识了一桌朝鲜族特色风味宴席——花甲宴。花甲宴是朝鲜族人民为60岁老人举办的生日宴席，朝鲜族把尊重老人视为家庭乃至整个社会生活的极为重要的礼节。花甲宴以朝鲜族特色口味为主，有手撕辣白菜、朝鲜族包肉、鲜虾寿司、米肠打糕、安康鱼、生拌牛肉、参鸡汤等。这一桌的宴席味道包括了酸、甜、辣、鲜、香；样式有泡菜、汤、生菜、熟菜、主食；烹饪手法有拌、蒸、烤、烫、炖等，可以说基本代表了朝鲜族特色菜的样式及口味。特别是有了朝鲜族人家都有的脆辣、鲜爽的辣白菜的佐餐，使朝鲜族餐饮更加有滋有味。

在吃的法则里，风味重于一切。对味道的感知和品味不仅在于我们的舌头和鼻子，更重要的是一份心情和对美食的领悟。勤劳乐观能歌善舞的朝鲜族，在朝鲜族特色菜里传达着他们对于生活的热爱和对于美好的追求。

菜品制作：呼伦贝尔明花旅游餐饮连锁有限公司
郑明花、宋文鹤

米肠拼打糕拼紫菜

参鸡汤

安康鱼

八爪鱼拌面

手撕辣白菜

鲜虾寿司

炝桔梗

炝明太鱼丝

炝蕨菜

明花辣鸡爪

牙克石豆腐宴

牙克石博克图镇的豆腐是很有名气的，许多人出差或旅游途经博克图的时候都会专门在博克图停留，去吃博克图的豆腐。一道菜和一个地名连在一起，可见这道菜的魅力。

博克图的豆腐用百年古井的泉水制作，相传，这座百年古井建于1897年，是由当时沙俄工程师普罗新斯基为解决中东铁路机车加水问题而修建的。其中还有一段美丽传说：工程师普罗新斯基正在为无法解决问题愁苦之时，他的未婚妻不远万里前来探亲，工程师非常高兴，两人度过了一段浪漫美好的时光后未婚妻回国了，工程师十分惆怅，循着与未婚妻走过的山间小路回顾甜蜜时光时，突然看到一股清泉流淌在杂草荆棘丛生的北坡山岩间，工程师欣喜若狂，当即命人深挖，不想5条暗泉喷涌而出，就有了这口古井。100多年来，井水清澈纯净、甘甜凉爽，不但解决了机车加水问题，也成为当地人饮用至今的主要水源。

在博克图，有用嫩江流域岭南三旗所产黄豆为原料、用百年古井的山泉水和传统手工技法制作博克图豆腐的豆腐坊，做出的豆腐温润如玉，细嫩爽滑，豆香四溢。博克图豆腐宴，更是豆香浓郁，搭配巧妙，色味俱全，是一桌豆腐的大荟萃，有芥菜炖豆腐、尾骨炖豆腐、鲶鱼炖豆腐、笨鸡炖豆腐等，搭配不同，口感不一，各有妙处，豆腐的包容性在豆腐宴中尽显风采，这些由豆腐打造出来的不同风味和营养升华令人赞叹。

在蛋白质的提供上，豆类食品是唯一能够抗衡肉类的植物性食材。单纯的食材也会有令人惊喜的花样变化，豆腐宴就是明证。然而，豆腐宴并不是能时常吃到的美食，有口福的人才能与它相遇。

菜品制作：兴安岭迎宾大酒店　金彪

尾骨炖豆腐

鲶鱼炖豆腐

笨鸡蛋炒豆腐

芥菜炖豆腐

豆腐丸子

浇卤豆腐

麻辣豆腐

小葱拌豆腐

味之稷

主　食

不论主食的形式如何变化，碳水化合物就这样从古至今滋养着人类。主食的花样，随着人类东南西北流动迁徙的脚步而相互借鉴、相互丰富，在呼伦贝尔同样如此。

呼伦贝尔馅饼

呼伦贝尔馅饼是在呼伦贝尔全域都可以吃到并且十分受欢迎的面食之一。因为有呼伦贝尔优质羊肉作保证，馅饼的品质和口感更是受到食客们的一致称赞。

呼伦贝尔馅饼是蒙古族传统面食的经典之作，是招待亲朋好友及贵宾的美食，其特色在于做肉馅时要将羊肉切成粒，并且只放草原沙葱或大葱拌馅。传统制作流程是，面粉加水，和面成稀面皮，揪成剂子，包上用羊肉粒和沙葱或大葱拌成的馅儿，手拍成饼，上锅烙至两面金黄即可。烙好的馅饼表面黄灿灿油汪汪，皮薄到可以隐约看到里面的馅儿都不破不漏，饼皮油亮诱人，馅肉味浓香，咬一口，肉香和麦香在舌尖上弥久不散，真是不吃不知道，一吃忘不掉。

各地的馅饼各有风味，各有千秋，有些地方还根据人们的养生要求在馅料方面做了一些改进，如酸菜馅饼，就是将与肉搭配的大葱改为酸菜；白皮馅饼，就是在烙饼的时候锅里不放油，保持面皮无油，素面朝天。

无论馅料怎样变化，肉多、馅多、皮薄都是馅饼一直保持的基本特色，尤其是在新巴尔虎左旗、右旗以及陈巴尔虎旗等牧业旗，馅饼更是常吃常鲜的面食。不论是在蒙古包里，还是在蒙餐饭店里，具有蒙古族特色的馅饼都称得上是一道主打食品，成为食客们的挚爱。

如今，在许多传统手工食品都已经被放到工业化流水线上复制的时候，只有馅饼，依然还在厨房里一张一张地现吃现做现烙着，香味袭人，保持着它原有的本色。

呼伦贝尔肉粥

呼伦贝尔肉粥，是用羊汤或者羊肉丁与大米熬成的粥。

据说早先在草原上，王府组织那达慕活动时，由王府来安排熬制肉粥，如果是区域性牧民组织的大型活动，则由组织者安排熬制肉粥，供活动中的人们食用。现在，肉粥已经逐渐演变成为呼伦贝尔地区餐桌上常见的一种美味饭食。

肉粥分两种，有肉汤粥和肉丁粥。熬肉汤粥时，先将锅里的手把肉捞出，再往肉汤里加入大米进行熬煮，米烂即可食用；肉丁粥是在肉汤锅里加入大米，切肉丁一同熬煮，肉熟米烂即可出锅，出锅时撒一些葱花或者黄油，这样的肉粥最为正宗，味道鲜美至极。

熬肉粥的米一般选用大米，有的地方也用稷米、炒米和小米。不论用什么米煮肉粥，草原上的牧民们普遍认为用羊肉汤熬制的肉粥具有很大的滋补作用，年老者和病后体虚者可以经常食用。

肉粥是原汁原味的草原传统美食，深受人们喜爱。特别是在牧区，肉粥更是家常饮食，不论是放牧归来，还是顶风冒雪回到蒙古包中，一碗醇香味美的肉粥下肚，暖意融融，通体舒泰。肉粥不但能温暖人们的身体，还能给人留下永远的草原记忆。

布里亚特包子

生活在呼伦贝尔大草原的蒙古族布里亚特部落，创造了独特的布里亚特饮食文化和草原风味美食。布里亚特包子是他们在吸收汉民族包子制作方法后，融入自己民族饮食特点而发明的特色食品。

布里亚特包子最大的特点在于包子馅的制作，主要用牛肉或羊肉切丁做馅，再放些大葱、沙葱或草原上生长的野韭菜来提升口感。布里亚特包子用烫面做皮，一般人家包包子是把和好的面切成块，不用擀面杖擀皮，而是用手捏成面皮包馅。包子皮在捏褶子收口时，不将其收紧捏合，而是留个小口，这样在蒸制的过程中，肉馅的香味便会不断地从小口中弥漫出来，吃的时候也可以先由此小口中吮吸出鲜香的汤汁。肉丁与野生葱韭相互交融后，肉的蛋白质和沙葱野韭的维生素经过时间和火的蒸制，诞生了汤浓馅鲜、不膻不腻、味香袭人的包子美食。

当我们享受美食的时候，最应该感谢那些创造美食的人们。著名的布里亚特包子，就是智慧的蒙古族布里亚特部落在美食的旅途上不断探索的成果。

羊肉面

羊肉面是草原牧区一道家常又暖胃、深受大家喜爱的汤面。

羊肉面的做法并不复杂，起锅烧油，油热后将切成丁的羊肉和配菜下入锅中炒香，加水煮沸，再将做好的面条或挂面下入锅中，面熟即可食用。

一碗香喷喷热乎乎的羊肉面，不论是在家中的餐桌上还是在酒店的饭桌上，都会带给人们暖心暖身的通泰和惬意。一般来说，酒桌上最后上来、却最受欢迎的就是羊肉面了。

羊肉面在北方各地都有，做法及口味也不尽相同。但是呼伦贝尔因为有着好品质好味道的羊肉，羊肉面也因此而更加味香汤鲜，成为受人追捧的美食。尤其是在寒冷的冬日，大雪漫天，一片苍茫，不论是旅途归来，还是放牧归来，吃上一碗肉香汤暖的羊肉面，不但祛除了一身的寒气，更有着从里到外的温暖和慰藉。

羊肉面，一道家常面，一道融入故乡味道的面。

肉干面

肉干面是用肉干做的一道面食。肉干是一种比较传统的食品，是草原游牧民族在鲜肉一时吃不完的情况下创造出的一种食物保存方法。肉干，有牛肉干和羊肉干，是草原牧区非常普遍的食品。

肉干是结合蒙古族传统手工与现代先进工艺制作而成的草原特产，风味独特，味醇香浓，很有嚼劲，非常好吃。因为有着优质牧场，呼伦贝尔的肉干，无论是牛肉干还是羊肉干，都是上乘的。

肉干面的做法很简单，就是将牛肉干或羊肉干切成薄片，锅内放少许油，油热放入肉干，葱花煸炒，炒出香味，加入适量盐，再加水，开锅后下入手擀面或者挂面，待面煮熟，美味可口的肉干面就大功告成了。肉干面虽然做法简单，但是味道十分鲜美。

当你从他乡回到故乡的时候，当你疲惫不堪的时候，当你身处冬季寒冷中的时候，一碗热腾腾的肉干面，定会为你消除疲劳，温暖身心。肉干面是有着妈妈味道的面，有着乡愁记忆的面。

酸奶饼

酸奶饼是草原传统面食。生活在呼伦贝尔草原上的牧民，牛奶是家常饮品，他们可以将牛奶做成上百种奶制美食，也可以用奶和面做出多种美食，酸奶饼就是其中之一。

做酸奶饼，首先要把酸奶做好，酸奶一般是用马奶或牛、羊奶发酵后加工而成。酸奶能解热止渴，而且营养丰富，含有蛋白质、乳酸菌、钙等多种维生素，具有润肠通便、调节血脂、补钙等功效。制作酸奶饼时，面里不加一滴水，将纯酸奶根据个人喜好加一点糖，用蒙古族传统手艺和面、烙制，出炉的酸奶饼奶香浓郁、松软微甜，无论是夏季凉着吃，还是冬季热着吃，口感都很好。在牧区，酸奶饼是老少皆宜和招待宾客的美食。在城市的蒙古奶茶店里，一壶奶茶，一盘羊肉，一盘奶制品，一盘酸奶饼组成了蒙古族丰盛的早餐样式。

除了酸奶饼，还有一种奶饼，是用奶皮子做馅。将做好的奶皮子放一点糖，包进面饼坯里，烙烤至表皮金黄。一口咬下去，饼皮香脆，饼皮中的奶皮馅香甜松软，非常可口，甜而不腻。

奶制品和面粉的结合，可以成就多种美味食品。酸奶饼以及林林总总由面粉与牛奶结合而产生的奶饼，极大地丰富了人们的餐桌，满足了味蕾的需求。

太阳饼

在草原牧区，只要有面有肉，智慧的额吉就能用灵巧的双手做出各种肉面结合的美味面食，吃起来满口焦香的太阳饼就是这样令人垂涎的美食，成为牧人餐桌上和牧区待客的美食。

太阳饼的做法并不复杂，将熟羊肉切成丁或准备好生羊肉馅，锅中放色拉油烧热，放入洋葱丁、姜末等炝锅，把熟羊肉丁或肉馅放入锅里炒出香味，再下入其他调料炒香成馅装入盆中备用。将面粉放入另一盆中，用水和成光滑面团，再搓成长条，挤下不大不小的剂子，用擀面杖擀成圆面皮，待剂子都擀成圆面皮后，取一张圆面皮放在面案上放上肉馅，上面再放一张圆面皮，用手将四边捏住扭出花边，成圆形太阳状，之后逐一将其他圆面皮均包馅扭出圆形的花边肉饼，放案上待用。起锅倒油，将锅中油烧热至150度左右，放入花边肉饼炸至金黄，捞出装盘即可食用。出锅的太阳饼色泽金黄，皮脆肉香。

牧区的牧人喜欢根据面饼的形状称其为“太阳饼”或“月亮饼”。将面饼做成圆形的称“太阳饼”，做成半圆形的称“月亮饼”，由此可以看出牧人对于自然的模仿和崇敬。

在牧区，太阳饼是餐桌上人们喜爱的一道主食。和面条、炸果条一样，提供了人们所需要的卡路里，也成为招待宾客的经典面食。

鹿奶列巴

鹿奶列巴是鄂温克族敖鲁古雅部落的传统主食，用驯鹿奶和面自然发酵，用传统工艺制作。

鄂温克族敖鲁古雅部落是中国唯一一个仍在饲养驯鹿的部落，历史上被称作“使鹿部”，拥有独特的使鹿文化。鄂温克族饲养驯鹿的历史悠久，相传很早以前，他们的8位祖先在山中狩猎，捉住了6只野生鹿仔带回饲养，久而久之发展成了人工饲养驯鹿。据考证，鄂温克族养驯鹿可以追溯到汉朝以前，《梁书》中关于“养鹿如养牛”的记载指的就是饲养驯鹿的北方民族。由于历史的发展和时代的变迁，驯鹿在其他北方民族中已先后消失，唯独在鄂温克族敖鲁古雅部落中得以延续。因此，使鹿文化也得以延续。

因为饲养驯鹿，鹿奶成为敖鲁古雅鄂温克人的日常饮品，用鹿奶制作列巴也是他们的一种家常饮食习惯。用鹿奶和面粉自然发酵，做成面饼放在烤盘上用炭火烤制，面香奶香扑鼻而来，并且没有任何添加剂的味道。鹿奶列巴含有蛋白质、脂肪、碳水化合物及多种维生素和矿物质，香气袭人，天然绿色，营养丰富。如果此时你恰好走进某一个敖鲁古雅使鹿部落，列巴的香味正弥散在林间，合着树木的清香和徐徐的清风，令人陶醉。

鹿奶列巴口味纯正，营养丰富，风味独特，容易消化吸收，老少兼宜，是最好的早餐美食之一，在日常生活中颇受人们喜爱，也成为馈赠亲友的特色面点。

牛奶面片

牛奶面片是达斡尔族的家常饮食，和牛奶泡饭、牛奶煮粥一样，都十分受达斡尔族喜欢。

牛奶面片打破了一般传统面片用肉汤或清汤做面汤的常规做法，而是用牛奶做面汤，很有创意，别有滋味。牛奶面片的做法并不复杂，但味道极其鲜美独特。将白面或者荞面和好，擀成薄片，用手揪或用刀切成菱形，然后把面片放进烧开的鲜牛奶锅里煮熟，食用时还可以放入奶油和白糖一起吃。奶香味、麦香味和糖的甜味组成了牛奶面片绝美的味道。

达斡尔族有着发达的畜牧业，成群的牛马羊，因此喜欢用牛奶搭配各种吃食，在日常饮品、食品中处处都可以看到牛奶的影子。奶食的种类很多，除了鲜牛奶以外，人们还把牛奶装入坛子里放在热炕上，制成酸奶，最普遍的吃法是酸奶拌米饭。另外，在夏季外出旅行或者劳动时，大家还会随身携带用桦树皮桶装的酸奶，以解渴消暑。

牛奶含有丰富的蛋白质、维生素以及矿物质，能够提供能量，提高人体的免疫功能。达斡尔族对于牛奶的热爱，足见一个民族在饮食上的智慧和对于民族整体身体素质的追求。

蓝莓饼

蓝莓饼就是用野生蓝莓酱做的面饼。呼伦贝尔的深山里生长着野生蓝莓，每年8月，是蓝莓成熟的季节，许多人会进山采摘蓝莓，在早市上就能买到野生蓝莓。因为野生蓝莓是纯天然、无污染的，口感酸中带甜，汁水丰富，又富含花青素及多种维生素，对人体健康大有益处，是很好的野生水果，所以很受大众喜爱。

做蓝莓饼要先将蓝莓做成蓝莓酱，然后和面发面，待面发好后，做好饼坯，擀成面皮，包上蓝莓酱，再擀成面饼，放锅里烙至两面金黄即可。蓝莓饼松软香甜，是男女老幼都喜欢的一款甜饼。

呼伦贝尔人对野生蓝莓有着特别的情感，很多人买回蓝莓后除了生吃就做成蓝莓酱，蓝莓酱可以抹面包，也可以做成饼干和点心。

在呼伦贝尔人的主食餐桌上，蓝莓饼是最受欢迎的主食之一，不论是在普通人家还是在餐馆饭店，餐桌上常会有蓝莓饼的身影。

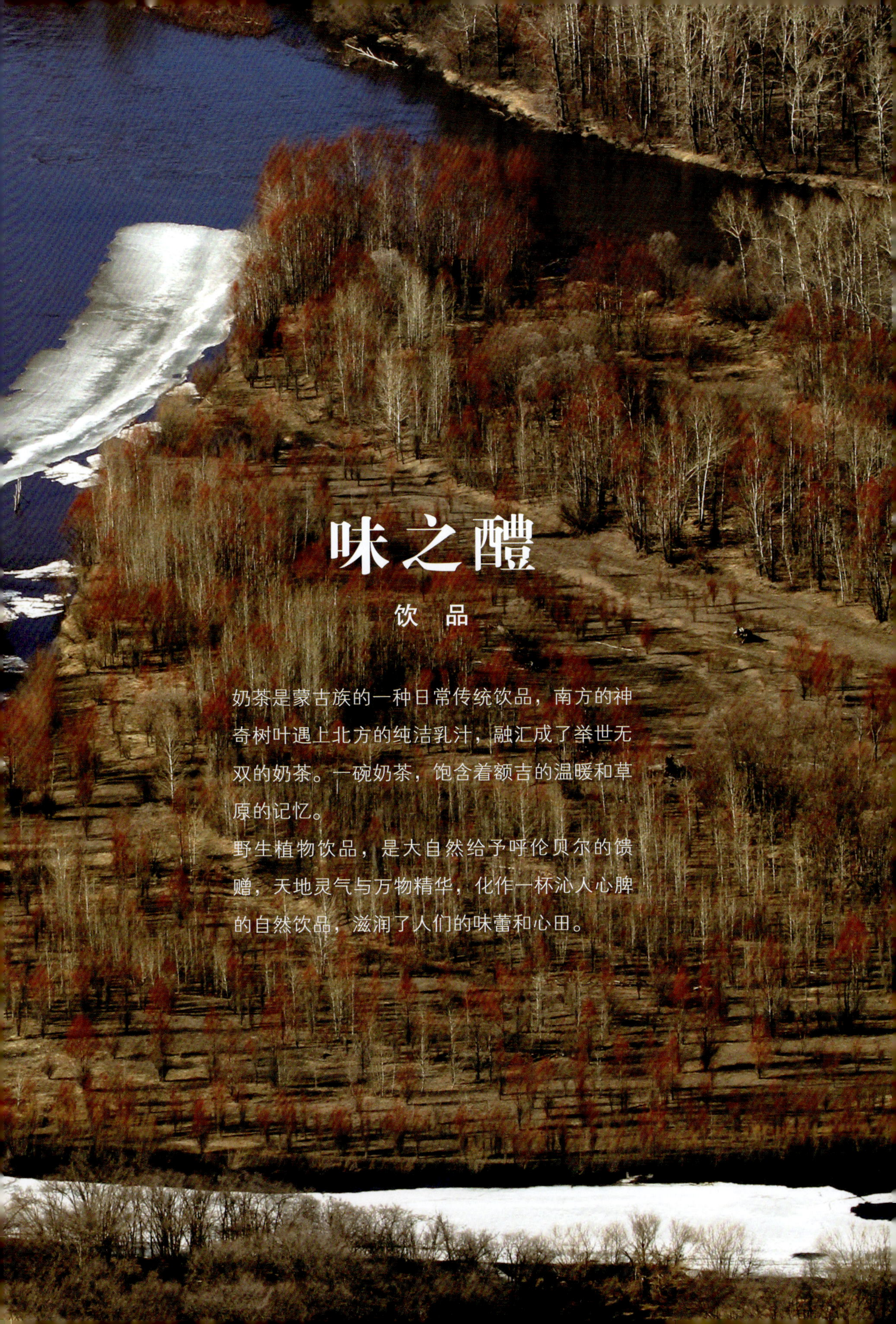

味之醴

饮　品

奶茶是蒙古族的一种日常传统饮品，南方的神奇树叶遇上北方的纯洁乳汁，融汇成了举世无双的奶茶。一碗奶茶，饱含着额吉的温暖和草原的记忆。

野生植物饮品，是大自然给予呼伦贝尔的馈赠，天地灵气与万物精华，化作一杯沁人心脾的自然饮品，滋润了人们的味蕾和心田。

奶茶

奶茶是蒙古族的一种日常传统饮品，源起于北方游牧民族，已有两千多年的历史。

昭君出塞已成美谈，当年，昭君出行时，除有汉元帝赏赐的大量锦帛、丝绸等，也有携茶入胡的记载。至元代，奶茶文化得到发扬光大。在清朝，皇宫里专门聘请蒙古族熬茶人熬制纯正的蒙古奶茶以供御用，醇香的蒙古奶茶不但得到满族皇室的认可，还被奉为“国俗”，可见奶茶的魅力有多大。

蒙古族饮奶茶已成习俗，每天早起第一件事就是煮奶茶。在呼伦贝尔，有一种叫“喝透”的习俗，无论是在家庭还是酒店，早起喝上五六碗甚至七八碗奶茶，直喝到浑身出汗，方心满意足。

因为砖茶含有丰富的维生素和蛋白质等人体必须的营养成分，可以去油腻、助消化、益思提神、利尿解毒、消除疲劳，还可以补充草原上人们食肉多、食菜少造成的维生素的不足。所以，有茶就有了精神，有了干劲。

呼伦贝尔熬奶茶，一般做法是，先把砖茶切碎装进布袋儿，放入烧开的水中，待茶叶水滚沸，颜色呈琥珀色时，捞出茶袋，加入草原散养黄牛的牛奶。这里吃百草的牛，产奶量低，但是乳脂率高，牛奶很香。再用小锅和炒勺把炒米放入奶油或者羊油炒香，之后撒入奶茶锅中，同时开始用大勺不停地扬沸，使之更好地融合，满屋立马充满了茶香、奶香和炒米香，混合的三香味是奶茶的最高境界。

蒙古族布里亚特部落则将茶叶和牛奶分开煮沸，分装在暖水瓶中，喝的时候，按照自己的需求来勾兑，好处是随时可以喝上热奶茶。

有的牧区，女主人熬好早茶后，用大勺盛满一勺，走到蒙古包外，向太阳升起的空中抛洒，敬天敬地之后全家人才可以喝早茶。一些地方早上送客人的时候，也要抛洒奶茶，祝福客人平安。

因为地域和部落的不同，熬制奶茶的方法略有不同，使用的茶叶也会有所不同，有砖茶，也有红茶和普洱；用奶一般是牛奶，也有用羊奶、骆驼奶 ,还有用驯鹿奶的；奶茶的味道有原味、咸味和甜味。现如今有人又把奶酪、黄油、西米丹、肉干等加入其中，使奶茶的内容更加丰富 ,味道更加醇香。

草原和中原，江南和塞北，人们的迁徙往来，促进了牛奶和茶叶的相逢。茶叶来到草原，先是由于北方民族与内地贸易互市，后经旅蒙商人和驼队的辗转而来，追根寻源，终究离不开内蒙古高原与内地悠久的通商历史。

如今，很多像呼伦贝尔这样的城市人家的早餐桌上，也是离不开香醇的奶茶的。一碗奶茶反映了农耕文化与游牧文化的交往、交流、交融。

锅茶

熬奶茶

蓝莓汁

蓝莓，有人称之为森林里的蓝色精灵，学名“笃斯越桔”，俗称“都柿”，果实成熟呈深蓝色。野生蓝莓在世界各地广泛分布，在中国主要分布于大小兴安岭林区。

呼伦贝尔的莽莽山林，非常适合蓝莓的生长，每年8月，是蓝莓成熟的季节，森林里的蓝莓及其各种野果，像星星般在森林深处闪亮，点燃了人们进山采摘的热情。

野生蓝莓纯天然、无污染，富含花青素，有很多种吃法，可以直接生吃，也可以做成果酱，还可以用蓝莓来泡酒喝，人们大多喜欢将蓝莓榨汁喝。

蓝莓汁酸甜可口，清爽宜人，很好地保留了果实中含有的许多营养成分，可以调节代谢平衡，提高人体的解毒和免疫能力，有很强的抗癌作用。并且蓝莓富含其他常规水果不具有的超氧化酶和视紫质，具有防止脑神经老化、保护视力、强心、抗癌、软化血管等功能。

蓝莓以其丰富的营养价值和口感，深受人们的喜爱和欢迎。蓝莓汁成为现代饮料世界的新宠。

沙棘汁

呼伦贝尔所处的地理位置，是大兴安岭向草原的过渡地带，自然无污染的环境适合沙棘生长，这里的沙棘质量好，口感佳。

我国民间沙棘果历来有“长寿果”之美称，营养价值居果蔬之首。

传说成吉思汗远征时在大西北作战，有战马负伤，又不忍心杀掉，于是就把它们赶到荒郊野外自己觅食，不久之后这些战马又回到主人身边，而且神奇的是战马的伤都好了，还一匹匹膘肥体壮，皮毛闪闪发光。士兵们跟随马匹来到它们觅食的地方，发现这里有它们啃食的小野果子，这些小野果子就是沙棘，自此，士兵们知道了沙棘的好处，人和马都开始食用沙棘，居然带来了很多意想不到的效果。

将沙棘果制成汁来食用，口感酸甜，芳香可口，富含维生素 C 和维生素 E，还含有 20 多种微量元素和 18 种人体必需氨基酸。常饮沙棘汁，有生津、提神、助气活血、消食等功能，并且能够保胃护肝醒酒，均衡补充营养，有助于增强人体免疫功能。

藏医、蒙医和中医在古代就有用沙棘来治疗各种疾病的记载，说沙棘可以“活血化瘀、化痰宽胸、补脾健胃，治跌打损伤、瘀肿、咳嗽痰多、呼吸困难、消化不良”。

呼伦贝尔市额尔古纳市室韦镇的沙棘果往往要等到气温零下 40—25 度后才进行采摘，那时沙棘果已经一串串地冻在枝头上，只要在树下铺上布单，用木棒敲击树干，冻硬的沙棘果就会纷纷落下，很容易就收集成堆了，这样的采摘方式也成为一道景观。

相传，元代皇宫御膳房曾把沙棘果作为延年益寿食品，让元始祖忽必烈经常食用。忽必烈长寿，也许与他常食沙棘果分不开。

沙棘汁浓缩了沙棘的精华，属饮料珍品，在当代被誉为新型饮料和保健食品。

沙果汁

沙果汁是人们喜爱的水果饮品，口感酸甜可口，味道清香，尤其是夏季饮用更是消暑解渴，深受消费者喜爱。

沙果属蔷薇科，苹果亚科，苹果属，分布于西北、东北、华北以及长江以南各省。沙果树系小乔木，树冠高大，呈圆头形，树姿开张，树势强健，适应性及抗逆性较强。沙果花期 4—5 月，果期 8—9 月，沙果果实卵形或近球形，黄色或红色，肉质细腻，汁水较多，味道酸甜，有香气。

沙果在市场上是很受欢迎的水果，它比苹果小，但是甜度和汁水都不亚于苹果，且具有止渴生津、消食化滞的功效，既可鲜食，又可榨汁或加工成果干，香气浓郁，风味独特，营养丰富，药用价值高，深受消费者喜爱，为当下的畅销果品。

在呼伦贝尔，人们常常将沙果做成沙果汁饮用。沙果汁的制作并不复杂，选用新鲜的沙果，清洗干净，去除外皮，除去果核，将剩余的果肉切成小块放入榨汁机中，加入适量的凉开水，启动榨汁机，清淡甜美的沙果汁就制成了。

如果在冬日，还可以将沙果肉放入清水中炖煮一段时间，放入适量冰糖调味，做成沙果汤饮用，不但好喝，还别有风味。

不论炎炎夏日还是冰雪寒冬，沙果汁都能给人们的生活带来惬意。

Since

桦树汁

桦树汁就是白桦树液或者白桦树汁，以自然的来源和口味受到追捧。听听这款饮料的名字，就会勾起你的好奇和向往。

稀有的食材往往藏于山间，桦树汁只有在呼伦贝尔境内原始森林的桦树林里才能采集到，是一种无色或微带淡黄色的透明液体，气味清香。每年春季四五月份，是盛产桦树汁的季节，在白桦林中，只要在树根部轻轻地划一个小口儿，树汁就如小泉般流出，清澈透明，味道清甜，是极好的天然饮料。每到这个季节，孩子们就会拿着桦树皮桶去桦树林里采取树汁，用小刀轻轻划个小口，再插上一根草棍，树汁就会顺着草棍流入桶内，一会儿就灌满一桶。

采集桦树液是要讲究时间的，需要集中在春季桦树返青灌浆的时候进行，采集时间 15—20 天，并且每棵桦树每天只能流淌出 1—1.5 公斤汁液，这样算来，一棵桦树平均每年只能产出 15—30 公斤的桦树液，由此可以看出桦树汁的珍贵了。

天然的桦树汁是世界公认的营养丰富的生理活性水，富含人体需要的多种果糖，20 多种氨基酸，20 多种无机元素和维生素、生物素、矿物质等，具有抗疲劳、抗衰老、提高人体免疫力的保健作用，被欧洲人称为“天然啤酒”和“森林饮料”，是 21 世纪最具希望的功能饮料之一。

桦树汁的产出量少，本身就很珍贵，加之它具有较高的营养价值和保健价值，因此非常受欢迎。不过，只有在春季去呼伦贝尔，才能喝到桦树汁。

金莲花茶

金莲花，又名“金芙蓉”“金梅草”等，为毛茛科金莲花属的植物，多年生草本植物。野生金莲花多生长在海拔 1800 米以上的高山草甸或疏林地带。

呼伦贝尔的金莲花主要分布在根河市、额尔古纳市、鄂伦春自治旗、牙克石市、鄂温克族自治旗等地。

每年夏季，在呼伦贝尔草原和森林里，金黄色的金莲花在草原与森林里耀眼夺目，人们进山采摘金莲花用来做茶饮。由于金莲花生长的地理位置较高，所以花与叶较小，但其观赏与药用价值极高。民间素有“宁品三朵花，不饮二两茶”之说，金莲花也被誉为“塞外龙井”。

金莲花具有较高的药用价值，《本草纲目拾遗》中记载：“味苦、性寒。治口疮、喉疼、浮热牙宣。”《山海草函》谓其“治疗疮大毒诸风”。目前，用金莲花生产的中药产品较多，有片剂、胶囊、口服液、颗粒等。最新研究，金莲花的抗菌、抗病毒功效显著，在临床上广泛应用。

在呼伦贝尔，许多人喜用晾干的金莲花泡水喝，称其为“金莲花茶”。一茶匙金莲花瓣或几朵金莲花，用一杯滚烫开水冲泡，焖约十几分钟后即可饮用。金莲花茶口味略清苦，可加入红糖或蜂蜜饮用，也可配茶叶混合泡饮。也常有人将晾干的金莲花馈赠远方的亲友。

玫瑰花茶

玫瑰花茶已在现代饮品市场占有一席之地。随着保健理念的深入人心，玫瑰花茶已成为人们心头之爱。

大多数玫瑰花茶都采于栽培的玫瑰，但是呼伦贝尔的玫瑰花茶却来自山野，来自大自然，是纯绿色无污染的绿色饮品。

野生玫瑰，为玫瑰科蔷薇属植物，在不受破坏的自然状态下，高为 2—3 米。成丛生长，新梢一年生长一次，年生长量为 10—70 厘米。野生玫瑰主要以串根繁殖为主，主根明显但是很少，根深达 2—3 米，须根较多，由主根、根状茎、须根共同行使根的功能。

呼伦贝尔的广大林区，气候温润，非常适合野生玫瑰的生长。当地的人们一般称野玫瑰为“刺玫”。人们将野玫瑰的花蕾采集回来自行阴干，直接泡水代茶饮，也有的会根据个人喜好在茶里加入金莲花、茶叶或者蜂蜜冰糖调和口味。

目前市场上常见的玫瑰花茶，大多为人工种植的玫瑰，品相较野玫瑰红艳个大。但是，相较于市场上的玫瑰花茶，呼伦贝尔的野生玫瑰茶在口感及品质上都更胜一筹。

玫瑰不但具有观赏价值，而且具有很高的经济价值和食用价值，是加工果酱、果酒、饮料、食品强化剂及提炼香精的上等原料。玫瑰还有理气解郁、和血散瘀、降脂减肥、润肤养颜等很多功效。

肝复灵茶

肝复灵又名“岩高兰”，是常绿矮小灌木植物，属于稀有种植物。

呼伦贝尔地区的肝复灵主要生长于根河市等地区，是鄂温克族敖鲁古雅部落猎民世代传承的医疗保健饮品，也是敖鲁古雅的特产药材，具有清热解毒、养肝明目、护肝解酒之功效，是纯天然绿色保健饮品。用植株治肝病时不需炮制，可直接煎煮代茶饮。肝复灵是国家二级保护植物，是很珍贵的中药。

夏季是采集肝复灵的季节，一般需要前往大兴安岭西坡，因为那里有肝复灵喜欢的生长环境。人们将肝复灵采集后放在阴凉处阴干，饮用时需煎煮半小时以上效果才好。鉴于肝复灵的稀有和珍贵，在肝复灵生长区域，肝复灵茶是非常受欢迎的饮品，人们常常以肝复灵茶待客，或者为饮酒过多的人煎一壶，以解酒护肝。

在鄂温克族使鹿部落布冬霞的夏季营地，常常用煎好的肝复灵茶招待来访的各路游客。夏日里，坐在凉风习习的林下，看着林间布冬霞饲养的驯鹿不紧不慢地进食，品一串布冬霞烤制的驯鹿肉串，饮一杯有着淡淡植物清香的肝复灵茶，惬意从舌尖润进心间。

味之华

非遗饮食技艺

保护非物质文化遗产，传承中华美食文化，是增进民族团结和维护文化多样性、促进人类共同发展的前提。呼伦贝尔美食领域的非遗文化，是传承制作美味的技艺，是中华五千年的饮食文化瑰宝。

包山羊

包山羊是蒙古族巴尔虎部落创造的独具特色的美食。

据说很早以前，部落里为了庆祝当年风调雨顺、牛羊兴旺举办娱乐活动，各家各户纷纷奉献各色食品，有手扒肉、烤羊排、烤羊背、血肠肉肠等，还有的奉献鲜美的奶食，大家喝酒吃肉、骑马射箭，非常快活热闹。有一位聪明的牧人开动脑筋，花了很多时间和精力，做出了包山羊，新颖别致，味道鲜美，受到部落首领和其他人的一致称赞，使庆祝活动达到高潮。从此，包山羊的制作技艺就流传了下来，不过包山羊的制作过程和技艺比较复杂，耗时也较长，所以会做包山羊的人并不多，技艺几近失传。如今，巴尔虎包山羊的传统制作技艺已成为市级非物质文化遗产代表性项目。

包山羊的制作技艺可以说是一项独门绝技。制作包山羊要特别挑选二岁公山羊，技师宰杀完羊后，将羊头从第一颈椎关节处割下来，然后从颈部切口依次把羊的全部骨骼、心、肝、肺、肠、肚取出，并保证羊的形态、皮肤不得丝毫破损，再把两前腿依次剔除。这时山羊变成带肉的皮桶，调整好里面的厚薄肉，以便回装剔出来的骨骼和烧红的石头，还有调味的蔬菜以及盐等配料。将备好的鹅卵石加温至红热，备好蔬菜和配料，蔬菜主要选洋葱、土豆、胡萝卜。将调整好的山羊固定好，待石头烧红后依次将剔出的骨骼、烧红的石头、蔬菜配料分层均匀装入并封口，避免跑掉热气，同时在羊脖子的封口处插一根筷子以便调节里面的气压。最后用火将羊的全身外皮烤至色泽金黄、皮焦酥脆。有人总结为“整羊脱骨、外烤内炙”这八个字，比较准确地概括了包山羊复杂的做法。

从山羊的选择、羊骨的抽取，以及将烧红的鹅卵石作为烤制材料和剔出的羊骨一起一层层放进羊体内，到最后呈现出美妙绝伦的羊肉风味，每一步都需要技艺和经验。食客需要有对美食的敬畏之心，才会体会到鲜香味浓、焦香四溢、汤汁鲜美、口感特别、层次分明的舌尖感受。

先辈的智慧，技艺的传承，每一种美味的诞生，无不体现着用心和创造。

巴尔虎包山羊传统制作技艺为呼伦贝尔市级非物质文化遗产代表性项目

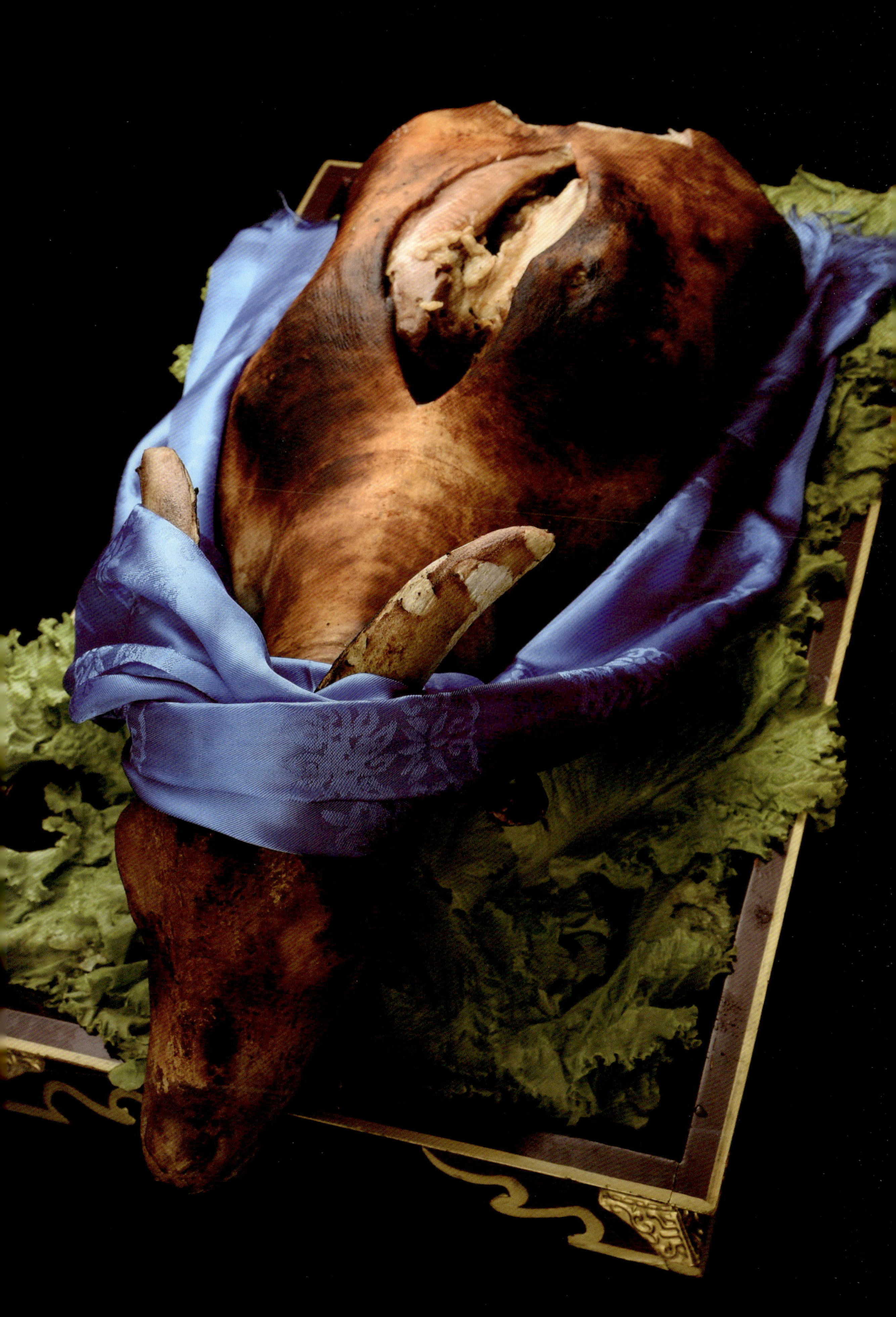

奶酒

奶酒是北方游牧民族经常饮用的一种带酒精的饮品，历史悠久。古代北方游牧民族驯化家畜、开始食用奶制品之时就开始酿制奶酒，奶酒在北方游牧民族的生活中有着重要地位。

奶酒是蒙古族宴会、祭祀、红白事中不可缺少的饮品。酿酒需要酿酒原料和容器，也有固定的酿制工序。蒙古族酿酒历史上以马奶为主，随着时代的发展，现在主要以牛奶为主要原料。用牛奶酿奶酒首选原料是嗜酸奶汁。每当气候变暖，牧户就开始酿嗜酸奶汁了，用事先备好的乳曲在酸奶桶中发酵，每隔几天都要往桶里加点新鲜生牛奶，最少搅拌数千次以上，这样发酵 10—15 天后就可以酿奶酒了。酿制法有两种，一种是闷酿，另一种是用管引酿。闷酿时需要一口大铁锅和一口小铁锅，一只上下都通的桦木大桶，一只在大木桶内悬挂的接酒容器。首先将发酵好的酸奶汁倒入大铁锅中，在锅盖上面罩上直径和锅沿差不多的无底桦木大桶。然后在大木桶中央吊一个接酒容器，在大木桶的上端放置一口小铁锅，锅沿用布或毡片堵严实，防止蒸气外漏。小铁锅里加入凉水，加火将酸奶烧开。酸奶经过加热后产生蒸气，遇冷于小铁锅底凝成液体，顺着尖底锅滴入小木桶中，即成奶酒。为了提高出酒率，上面的小铁锅里要不断换水，并不断用水瓢扬水，加快水的冷却速度。用管引酿的工序相同，只是把接酒的容器换成凝酒器并用细管引到木桶外。做完奶酒后剩下的酸奶汁的渣装入布袋，把乳清挤干后可以做成奶干儿。

正宗的奶酒有少量沉淀物，淡白色，味微酸。头锅酒的酒精度不会超过 10 度。蒙古族经常用奶酒治疗体弱多病、神经衰弱、关节炎、消化道疾病等。草原上的牧民在有客人和亲朋来到蒙古包的时候，会用奶酒招待客人。如今，随着时代的发展，一些地方已经工厂化生产奶酒了，这使其走向了更广阔的市场。

巴尔虎传统奶酒酿制技艺为呼伦贝尔市级非物质文化遗产代表性项目

奶酒
NAI JIU

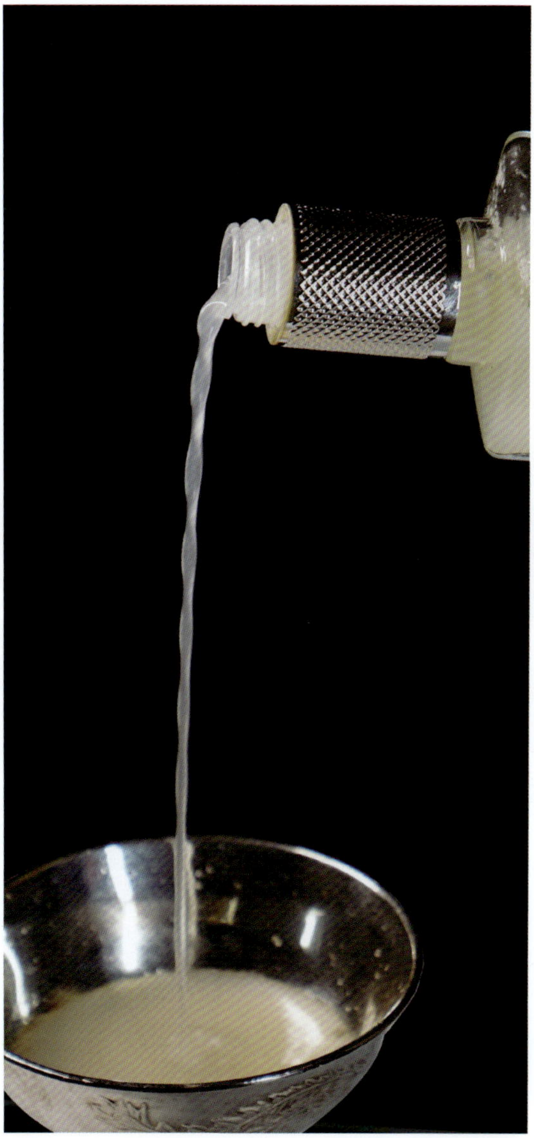

酸马奶

呼伦贝尔草原水草丰美，是最适合蒙古马生存繁衍的环境。马是大自然赐予牧人的忠实伙伴，马奶是牧人的传统佳酿。

马奶可以直接喝，也可以制成酸马奶。由于马奶的产量少，人们一般都是将马奶制成酸马奶。酸马奶在蒙古语中称为“策格”，在蒙医文化中，饮食疗法在蒙医学中占有很重要的地位。据相关资料显示，酸马奶含有丰富的维生素、微量元素和各种氨基酸等营养成分，具有强身健体、治疗疾病的功效。酸马奶的营养成分在参与人体新陈代谢、调节人体生理功能、提高人体免疫力及防病治病方面有着显著疗效。

酸马奶作为蒙古族的传统饮食佳品，不仅在蒙古族饮食文化和饮食疗法中占据重要的位置，也在蒙古族社会交际与祭祀礼仪中同样占据特殊的地位。蒙古族历来视酸马奶为圣洁之物，历代传承，以至于后来的那达慕盛会开幕式上也离不开酸马奶。

酸马奶的制作是以新鲜马奶为原料，一般选择生完小马驹的母马奶，从上午 9 点开始每一个小时挤一次奶。传统制作方法主要采用撞击发酵法，从健康母马中挤取新鲜的马乳，用纱布过滤后，将鲜奶盛装在木桶、瓦罐、皮囊等容器中，用特质的木棒反复搅动，每天搅动 2000—5000 次，使奶在剧烈的动荡和撞击中温度不断提高，7—8 天后产生乳汁分离即发酵成熟，成为清香诱人的酸马奶。

喝一杯弥漫着微酸发酵气息的酸马奶，见证草原牧人家依然保持的酸马奶传统制作工艺，可以使我们感知呼伦贝尔草原牧民传统生活的另一个侧面。

巴尔虎酸马奶酿制技艺为呼伦贝尔市级非物质文化遗产代表性项目

HUDEE™
Inner Mongolia
策格
Mare's Milk
净含量:500ml

列巴

列巴是俄语面包的音译，由俄罗斯传来，呼伦贝尔大街上常能看到俄式列巴店。说起呼伦贝尔的俄罗斯列巴，就不得不说说呼伦贝尔的俄罗斯族。额尔古纳市是俄罗斯族和华俄后裔的主要聚居地之一，其中，恩和俄罗斯民族乡1956年10月建乡，是我国唯一的俄罗斯族民族乡。

人口的迁徙带动了食物的流动，产生了一个地区丰富的饮食样式。俄罗斯族的饮食，在许多方面保留着传统习俗，同时又深受汉族和其他少数民族的影响，主食是自己烤制的面包，副食一般是热菜、肉、鸡蛋、红菜汤等。

列巴以白面、黑面为主料，用列巴花做引子，糖、蜂蜜、盐、鸡蛋、牛奶、稀米丹、各种自制野果酱、果干等做辅料，制作技艺独特。列巴的做法颇为考究。先将晾干的列巴花制成列巴引子，然后将列巴引子用温水泡开，放入面粉搅拌成糊状，放置一段时间，待面糊发酵起泡时，放入调好的鸡蛋、少许盐、白糖、溶化好的奶油或果干，再加入干面粉搅拌均匀成软面团状，放置数小时，待面团发酵膨起时，再搅拌均匀，即可取面团做列巴。根据各自的喜好，用各式专用模具造型，把面团放入抹有一层油的烤盘中，继续放置一段时间，待造型的面团再次膨起后，放入烤炉内烘烤。俄罗斯族主妇一般凭炉温、靠经验来确定烤制食品的时间，一般以外层变成淡黄色即可。将烤好的列巴取出，趁热在列巴表面刷一层奶油便成。

如果想深入了解俄罗斯列巴，在额尔古纳有一座列巴主题的博物馆，可供游人参观学习体验。

俄罗斯族列巴制作技艺为内蒙古自治区级非物质文化遗产代表性项目

格瓦斯

格瓦斯是俄语音译，表示发酵的意思，是一种盛行于俄罗斯、乌克兰和其他东欧国家的含低度酒精的饮料，用面包干发酵酿制而成，颜色近似啤酒而略呈红色，酸甜适度。由于其酒精含量只有1%左右，是很受大众欢迎的软饮料。距今已有1000余年的历史，19世纪末传入中国。

生活在额尔古纳地区的俄罗斯族有着自己独具特色的生活习俗，饮食习惯中格瓦斯是他们喜欢的日常饮料和饮食的重要组成部分，也是俄罗斯族饮食中的一大特色。

格瓦斯制作技艺独特。首先制作酸列巴，再把酸列巴切片，用火炉烤干，烤至深黄色或红色，放入干净的容器内。把开水冲入面包容器内沏上，倒入熬好的列巴引子，再放入野生的啤酒花，盖盖密封好，进行发酵。发酵好后开始过滤，加入白糖，密封好，再放到地窖（冷藏箱）里，放置3—4天后即可饮用。

经过各民族长期的交往交流交融，格瓦斯已成为深受呼伦贝尔市人民群众喜爱的饮料和馈赠亲朋的佳选，还是呼伦贝尔市民族特色食品之一。

俄罗斯族格瓦斯制作技艺为内蒙古自治区级非物质文化遗产代表性项目

泡菜

朝鲜族泡菜与朝鲜族服装、长鼓舞一样，是极具标识性的朝鲜族文化符号。泡菜的品种繁多，选料广泛，既有天然的山野菜，又有常见的农家蔬菜，所用原料随季节的不同而变化。其中朝鲜族辣白菜是泡菜中的代表，是朝鲜族餐桌上一道必不可少的传统美食。

辣白菜腌制程序十分讲究，要选用最新鲜饱满的优质大白菜，秋天的大白菜是最好的食材，菜农从地里摘下绿色无公害的白菜，剥去最外层的老帮子，保留里面最嫩的部分。

制作辣白菜需要先准备几种原料：胡萝卜、梨、苹果，其特别的果糖甜味可以丰富口感，促进发酵；大蒜、大葱、老姜，三者完全有别于辣椒辛辣的味道，会使辣白菜更添一种沉着的内在魅力；辣椒粉，要用磨得极细的辣椒粉末。大白菜洗净并沥干水分，从中间一分为二，放入准备好的缸里，掀开每一片白菜叶，均匀抹上盐，腌制 10—15 个小时，整个腌制过程中大白菜会逐渐变软，并在盐分的作用下出水，下一步与酱料的配合才会更加充分，洗去还附着在菜叶上的盐分。萝卜削皮切成丝；梨和苹果削皮去核，切成小粒；大葱切成末，大蒜和老姜捣成泥状。将以上所有配料与辣椒粉、糖稀和盐放置在容器中充分搅拌，使其相互渗透。静置约 10 分钟，使部分配料渗出水后，再重新搅拌一次。将混合好的调味料均匀涂抹在每一片白菜叶子的表面，尽量保持每一片菜叶的完整。将辣白菜装入缸中放入地窖里冷藏起来，发酵过程一般情况下约需一周时间，待辣白菜发酵至有酸味时即可食用。2—3 周味道最佳，此时营养成分含量最高，一般可储藏 3 个月左右。

朝鲜族泡菜是朝鲜族饮食文化的标志，是人们日常生活中必不可少的一种食物。辣白菜比一般泡菜或咸菜营养丰富，含有多种维生素，因此在朝鲜族的餐桌上无论丰俭都少不了它。

朝鲜族泡菜制作技艺为内蒙古自治区级非物质文化遗产代表性项目

苏子饼

苏子饼和蓝莓饼、山丁子饼一样，是呼伦贝尔人餐桌上的常见食品。

苏子又名紫苏、白苏、野苏、青苏等，一年生草本植物，具有特殊芳香。苏子有紫苏白苏之分，紫苏多为药用，白苏既可食用也可榨油。

呼伦贝尔的苏子来自山林，野生的苏子非常受人们的欢迎，在苏子成熟季节，人们进山采回苏子，用苏子作馅烙成苏子饼，香甜可口。

据资料记载，苏子性温，味辛，有降气消痰、平喘、润肠的功效，可治疗痰壅气逆、咳嗽气喘、肠燥便秘。

家常苏子饼的做法，是将发好的面擀成饼坯，将烤熟的苏子打碎拌糖作馅，包进饼坯里，收好口，擀成圆饼，放电饼铛里，待两面烙成金黄即可出锅。

浓香的奶茶遇上香甜的苏子饼，满满的惬意溢在心间。

达斡尔族传统面食制作技艺为呼伦贝尔市级非物质文化遗产代表性项目

山丁子饼

在呼伦贝尔人的餐桌上，山丁子饼和蓝莓饼一样都是大众喜爱的甜品面食。不论在普通人家里还是在餐馆饭店里，都能吃到山丁子饼。

山丁子的学名叫做“山荆子”，除此之外，还叫做“林荆子”“山定子”等，属蔷薇科，为落叶乔木，树高可达 4—5 米，最高可达 10 米以上。每年 4—6 月开花，9 月中下旬果实成熟，果实近球形，红色或黄色，以红色为多。山丁子具有止泻止痢、润肺生津、利痰健脾的功效。呼伦贝尔的山林里就生长着山丁子，每到山丁子成熟季节，许多人就会进山采摘。成熟的山丁子也是鸟儿们的最爱，它们盘旋在枝头，欢快地品尝着大自然的美味。

成熟的山丁子味道酸甜可口，可以直接食用，也可在它将成熟变软时采回，以冰糖煮制或蒸制成酱，口感极佳，用于抹面包或做成各种甜品。

山丁子饼是人们常食的一款家常饼，它的做法是将面发好，做成饼坯，擀成厚一点的坯皮，包上山丁子酱，按压成饼状，放入锅里烙至两面微黄，即可装盘。饼香馅甜，口感极佳。

喜欢食用大山里的各种山珍野味，是呼伦贝尔人的习惯。生活在大兴安岭的怀抱，可以在野果成熟的季节进山里采撷各种野果，并且做成喜欢的美食，真是一件幸运而令人羡慕的事情。

达斡尔族传统面食制作技艺为呼伦贝尔市级非物质文化遗产代表性项目

山丁子

山丁子饼

奶制品

美丽的呼伦贝尔大草原，是我国重要的畜牧业生产基地。优质的草场，温润的气候，丰沛的水源，都为呼伦贝尔畜牧业提供了得天独厚的优越条件。

奶制品是发达畜牧业的衍生品。在牧区，由于鲜奶不易存放，牧民们用自己的智慧发明了多种将鲜奶制成不易坏的干奶制品的方法。

生活在呼伦贝尔草原的蒙古族巴尔虎部落把奶制品当做赖以生存的粮食，视奶制品为食品中的极品，是吉祥、安康、福泰的象征。

蒙古族巴尔虎部落的传统奶制品已有悠久的历史，在巴尔虎人的饮食文化中占有重要地位，具有品种丰富、工艺独特、味道鲜美、营养丰富等特点。巴尔虎奶皮子传统储存法又有使奶皮子保鲜、游牧生活中便于携带的特点。

巴尔虎传统奶制品可以分为食品与饮品两类，均以鲜奶为原料。食品主要包括奶皮、奶酪、奶豆腐、黄油等。奶皮以牛奶为原料，制作方法是用微火煮沸鲜牛奶，并用勺子反复扬撒，直到锅里起泡沫为止，然后将其冷却至次日，便可凝结出一层厚厚的油脂状，这便是奶制品中的佳品奶皮，不仅味美甘甜，而且具有食疗作用。其他如奶豆腐、奶酪等奶制品也各有做法。为适应游牧迁居生活，还发明了许多保鲜的方法，其中羊肚封存法是巴尔虎牧民在漫长的游牧生活实践中探索出的一套独特的能使奶皮长期保鲜的储存法。

元代忽思慧在《饮膳正要》中说："奶皮子属性清凉，有健心清肺、止渴防咳、毛发增色、治愈吐血之能。"

千百年来，草原上的奶食品就像草原额吉博大的胸怀，养育着草原上的人们。

随着生活生产方式的改变，人们对于奶制品的需求量也越来越大，不仅在牧区，城市里生活的人们也把奶制品作为日常食品了。目前在呼伦贝尔市，奶制品加工已经成为产业，进入工厂化生产。只有在牧区的牧人家里，还依然保持着制作奶制品的手工技艺。

黄油、奶豆腐、奶皮子等奶制品都是牛奶浓缩的精华，经过时光的提炼和岁月的浓缩，成为呼伦贝尔草原上永恒的美食和牧民智慧的呈现。生活中有了奶制品就有了别样的滋养，就有了茁壮与健康。

巴尔虎奶制品传统储存和制作技艺为内蒙古自治区级非物质文化遗产代表性项目

奶豆腐

奶豆腐条

蒙古族奶食

奶皮卷

奶皮子

柳蒿芽

柳蒿芽是达斡尔族饮食文化中极具代表性的食材，达斡尔族食用柳蒿芽有着悠久的历史。

传说生活在嫩江流域的达斡尔族先民在危难的时候无意中发现了柳蒿芽可以食用，并依靠它顺利度过困境。从此达斡尔族就和柳蒿芽结下了不解之缘，食用柳蒿芽也成了达斡尔族的日常。达斡尔语称柳蒿芽为“昆米勒”，每年的 5 月中旬，就是达斡尔族的昆米勒节，节日期间，达斡尔族男女老少相约结伴去采柳蒿芽，尤以妇女为多，他们身着节日服装，腰系绣花围裙，带上口袋、大小柳条筐，三五结伙赶着大轱辘车，奔向绿草如茵的草原、春意盎然的山野、春水欢腾的河岸，一边采柳蒿芽，一边说笑对歌。采集的柳蒿芽可趁新鲜当下食用，也可晾干后在其他季节食用。

智慧的达斡尔人能将柳蒿芽做出很多种菜肴。基本的食法是炖着吃，如柳蒿芽汤、柳蒿芽炖排骨、炖柳根鱼、炖豆腐等；也可以煎炸着吃，如炸柳蒿芽丸子、柳蒿芽煎蛋、炸柳蒿芽叶子等；还可以和面一起做成柳蒿芽饼、柳蒿芽馅等。总之，柳蒿芽可以和很多食材搭配，没有做不出来的，只有想不到的。

在《本草纲目》里也有关于柳蒿的记载，说它“安心气，养脾胃，消痰饮，利肠胃”。在长期的食用过程中，人们了解了柳蒿芽，认识到它具有清热、解毒、消炎、健脾的作用。

如今，柳蒿芽已经不仅仅是达斡尔族人的最爱，也成了呼伦贝尔人餐桌上的常见菜。因为，柳蒿芽最能让呼伦贝尔人吃出家乡的味道。

达斡尔柳蒿芽采食习俗为内蒙古自治区级非物质文化遗产代表性项目

柳蒿芽炖肥肠

柳蒿芽煎鸡蛋

里脊炝柳蒿芽

鲜炸柳蒿芽

柳蒿芽丸子

柳蒿芽炖羊排

味之彩

上海大世界基尼斯纪录菜品

大世界基尼斯纪录——中国之最的缔造者。大世界基尼斯是创造凡人英雄的舞台，当呼伦贝尔美食登上基尼斯纪录的舞台，必有超越寻常的激情迸发、鬼斧神工的技艺灵现。

八大炖

20 世纪 50 年代，大兴安岭的林业工人为国家建设伐木，无论春夏秋冬，工人们在深山老林里忘我劳动。可是那个岁月里的供应并不是太好，为了吃饱饭有劲干活，工人们便用自己的智慧在自带的大锅里进行了各种炖煮的尝试。

那时森林里的狍子、野鹿、野鸡、野兔很多，大锅里也曾炖过野味。随着保护野生动物的理念在林区人心里日益明确和坚定，人们开始改用其他食材进行各种炖煮，将家畜和各种山野菜、蔬菜一同炖煮，创造出了多种林区炖菜。如黄豆炖卜留克、猪肉炖粉条、小笨鸡炖蘑菇、柳蒿芽炖排骨、牛肉炖萝卜、老山芹炖土豆、猪肉炖酸菜等，炖来炖去，炖出了森林的味道和暖心的饭食。在莽莽苍苍的原始森林里，在零下三四十度的严寒里作业，这些炖菜是劳作后最好的享受和慰藉。就是这些炖菜陪伴着林业工人度过

暑夏寒冬，完成了国家下达的生产任务，使林业工人在劳动付出后得到了体力补充和蛋白质维生素的汲取。

在林区的美食节上，工人们想起自己在老林子里吃的炖菜，就想将它们汇集起来进行集中呈现。美食节的组织者觉得这是一件非常有意义的事情，于是就把工人们常用的八种家常食材放在八口大锅里进行了炖煮，香味弥散，吸引了参加美食节的四方人群。大家蜂拥而至，进行品尝，八大炖就这样诞生了。

也许它并不能涵盖林区工人所有的炖菜饮食，但是它真实地记录了林区工人那时的一种生活场景，值得回味珍藏。

令人喜悦的是，八大炖还进入了上海大世界基尼斯纪录，成就了一段佳话。

白菜炖冻豆腐

炖白鱼

老山芹炖土豆

柳蒿芽炖柳根

牛肉炖萝卜

小鸡炖蘑菇

猪肉炖粉条

猪肉炖酸菜

六大把

六大把，就是六种手扒肉同时在六口大锅中清水炖煮。清水煮肉，这是祖先最早发明的一种比较原始的烹饪技艺。尤其是草原上的游牧民族，清水炖羊肉是他们美食的代表菜。在艰苦岁月里，奶茶、炒米、手扒肉，成为草原游牧民族简洁饮食的概括。

改革开放以来，人们的生活发生了翻天覆地的变化，他们的饮食方式也极大地丰富起来。在牙克石美食文化节上，内蒙古餐饮与饭店行业协会会长郎立兴，为了把这最原始、最具特色的清水煮肉的饮食行为记录和保存下来，将人们经常炖煮的六种食材，即牛肉、羊肉、猪肉、驴肉、马肉、鹿肉，用六口大锅同时清水炖煮，还原了原生态炖煮的情形。这就成了游牧民族、游猎民族和农耕民族的炖肉大荟萃、大集合。当装着“六大把”手扒肉的六口大锅在零下 30 多度的冰天雪地中热气腾腾地展示出来的时候，人们欢欣鼓舞，感到了亲切和快乐，也给他们的肠胃注入了热量和活力，引起了强烈反响。美食节的组织者还将“六大把”申报了上海大世界基尼斯纪录。

“六大把”现在已经成为当地著名宴席，聪明的当地厨师又配上了土豆、白菜、萝卜等多种蔬菜，肉菜搭配，营养均衡，成为人们争相品鉴的美味菜肴。

作为旅游者和消费者，如果有幸能够坐在大桌旁边，同时品鉴六种不同味道的手扒肉，一定会唇齿留香，久久不忘，可算是人生幸事。

2018年12月林城宾馆烹饪手把肉获大世界基尼斯之最
大世界基尼斯
CHINA RECORDS
手把骆驼肉
手把牛肉
手把马肉
手把猪肉
手把驴肉

手把牛肉

手把马肉

手把驴肉

手把猪肉

手把羊肉

手把驼肉

年猪菜

年猪菜是扎兰屯十分普及并受群众欢迎的地方菜，尤其是在冬天，一锅热乎乎的年猪菜，能赶走严寒，温暖心身。

年猪菜是一道猪肉炖酸菜的菜品，受东北菜影响，或者说就是一道来自东北的地方菜。扎兰屯地处祖国北疆，背倚大兴安岭和呼伦贝尔大草原，面向东北三省，与黑龙江毗邻，所以在饮食习惯方面受东北三省影响较大。因为这道菜是东北过年必吃的一道菜，解腻爽口，又营养暖身，故称为“年猪菜”。扎兰屯冬天气候寒冷，民间习惯腌酸菜做冬菜，猪肉炖酸菜也成了扎兰屯冬季的一道家常菜，更是过年期间餐桌上不可或缺的一道菜品。在扎兰屯举办的美食节上，年猪菜入选中国上海大世界基尼斯纪录。

北方人习惯称年猪菜为猪肉炖酸菜，它已经成为北方地区餐桌上的常见菜，呼伦贝尔市很多地区的餐桌上都少不了这道菜，尤其是在冬季。很多地方还对这道菜进行了改良，不仅用猪肉、猪血肠和酸菜进行炖煮，还添加了豆腐、粉条等配菜，使年猪菜的口味更丰富。

符合大众口味的美味菜肴，从来不会被限制在地域内，来来往往的食客、迁徙流动的人群，都会用他们的方式把这些美食带到四面八方，继而丰富光大。

上海大世界基尼斯总部

大世界基尼斯 CHINA RECORDS

大世界基尼斯之最

展示年猪菜口味最多的活动

数量：88

2019年8月8日，由内蒙古自治区餐饮与饭店行业协会、扎兰屯市工商业联合会、扎兰屯市餐饮协会主办的“第六届内蒙古美食文化节暨第二届扎兰美食节”在内蒙古自治区扎兰屯市天拜山广场举行，现场展示88种口味年猪菜，供游客免费品尝。

NO：05285
2019.08

烤驯鹿肉串

烤驯鹿肉串，是鄂温克族敖鲁古雅部落的特色美食。驯鹿肉低脂肪、高热量，煮、煎、炖、烤都可以，尤以烧烤最聚人气。

驯鹿在中国主要生息繁衍在有“中国冷极之都”之称的大兴安岭根河市。生活在这里的鄂温克族敖鲁古雅部落曾被称为大兴安岭原始森林里最后一个使鹿部落。历史上，他们以狩猎为生，游猎在原始森林里，保持着比较原始的生产生活方式，很少与外界接触。新中国成立后，特别是改革开放以来，他们走出森林，结束了世代狩猎的原始部落生活，融入了现代社会。然而鄂温克族敖鲁古雅部落依然基本保留了自己独特的民族文化、风俗习惯，现在仍有一些鄂温克族敖鲁古雅部落人生活在森林里饲养心爱的驯鹿，并且建立了驯鹿游乐公园。

2018 年 7 月 29 日，“中国内蒙古大兴安岭森林旅游美食节”在林都牙克石盛大开幕。在这个全国林业行业唯一的美食节上，通过了一项上海大世界基尼斯纪录的认证，叫做“千人品烤驯鹿肉串”活动。活动现场有两台烤车，多名厨师忙碌着烤驯鹿肉串，烤炉前人山人海，千人涌动，烤炉上滋滋作响的烤肉串香气扑鼻，随风飘散，令人垂涎。

在世界范围内，除了内蒙古大兴安岭，就只有在环北极圈地区才能看到驯鹿。五湖四海的朋友如果在冬季来到呼伦贝尔，在一片银色世界中，可以去驯鹿之乡体验一下驯鹿拉着雪橇在白茫茫的雪地上奔跑的感觉。

上海大世界基尼斯总部
大世界基尼斯
CHINA RECORDS
大世界基尼斯之最
规模最大的驯鹿肉烤串品尝活动

呼伦贝尔市餐饮名店录

海拉尔区

名店：呼伦贝尔宾馆
菜品：蒙餐、川菜、鲁菜、东北菜等融合菜，有承接大型宴会能力
地址：呼伦贝尔市海拉尔区胜利大街东1号
电话：0470-8219999

名店：天骄宾馆
菜品：蒙餐、川菜、鲁菜、东北菜等融合菜，有承接大型宴会能力
地址：呼伦贝尔市海拉尔区哈萨尔大街东32号
电话：0470-8218800

名店：绿祥嘉苑
菜品：蒙餐，食材选用当地牧场牛羊肉，有承接大型宴会能力
地址：呼伦贝尔市海拉尔区根河路14号
电话：0470-8341899

名店：贝尔饮食服务有限公司
菜品：川菜、鲁菜、蒙餐、东北菜等融合菜，有承接大型宴会能力
地址：呼伦贝尔市海拉尔区中央大街36号
电话：13500602622

名店：凯景嘉华酒店
菜品：川菜、鲁菜、粤菜为主，海鲜、蒙餐为特色，能接待大型宴会
地址：呼伦贝尔市海拉尔区巴彦托海路四合加油站旁
电话：0470-8113333

名店：首旅京伦酒店
菜品：京菜、鲁菜为主的融合菜
地址：呼伦贝尔市海拉尔区阿里河路17号
电话：0470-8348777

名店：草原茹家假日酒店
菜品：食材选用当地牧场牛羊肉，熏牛羊肉、鲁菜、川菜等融合菜
地址：呼伦贝尔市海拉尔区军分区路口
电话：0470-8269999

名店：欧罗巴西餐厅
菜品：果木碳烤战斧牛排、南屯带骨牛排、奶酪包
地址：呼伦贝尔市海拉尔区河西美食街1号
电话：0470-8351618

名店：彼得堡餐厅
菜品：俄餐，战斧牛排、盘肠
地址：呼伦贝尔市海拉尔区根河路103号
电话：0470-8108888

特色店：韩都炭火烤肉
菜品：韩式烤肉，食材选用当地牛肉，将苏子叶包裹烤熟牛肉收拢成团
地址：呼伦贝尔市海拉尔区河西古城商业街内
电话：0470-8297776

特色店：老三骨头馆
菜品：食材选用当地羊肉，酱香羊骨、羊蝎骨
地址：呼伦贝尔市海拉尔区河西白桦东路87号
电话：0470-8342848

特色店：吕辉小串烧鸽子
菜品：选自当地牛羊肉烤制的小串、烤鸽子等
地址：呼伦贝尔市海拉尔区胜利街华联蓝盾小区
电话：13624806633

特色店：蒙高勒记忆餐厅
菜品：蒙餐，风干牛排、风干羊排、牛肉干、炒菜
地址：呼伦贝尔市海拉尔区正阳办天润仿清古建一条街大力1号门市
电话：18947047077

特色店：小亮烧烤
菜品：风干肉
地址：呼伦贝尔市海拉尔区蓝盾小区主街
电话：15947306991

特色店：张府私房菜
菜品：霸王别姬
地址：呼伦贝尔市海拉尔区河东紫苑名都小区北门
电话：0470-8263456

满洲里市

名店：友谊宾馆
菜品：川菜、鲁菜、粤菜、蒙餐、俄式西餐等融合菜
地址：呼伦贝尔满洲里市经济合作区五道街新世纪小区12号楼
电话：0470-6268668

名店：金骄汗蒙古风情园
菜品：包全羊、烤羊腿、手把肉、锅茶、奶桶包山羊等
地址：呼伦贝尔满洲里市建设路18号
电话：0470-6234000

名店：满洲里大饭店
菜品：呼伦贝尔地方菜、湘菜、日本料理、东北菜等
地址：呼伦贝尔满洲里市中苏街9号
电话：0470-2819995

名店：卢布里西餐厅
菜品：俄餐，黑松露烩饭、黄油烤春鸡、俄式皇家盛宴
地址：呼伦贝尔满洲里市三道街西179号
电话：0470-6231378

名店：套娃酒店
菜品：俄罗斯列巴
地址：呼伦贝尔满洲里市华埠大街23号
电话：0470-6668866

牙克石市

名店：建兴大酒店
菜品：火锅、海鲜、西点、铁板，可承接大型宴会
地址：呼伦贝尔牙克石胜利西街37号
电话：0470-7378666

名店：彤达大酒店
菜品：菜品以融合菜为主，可承接大型宴请
地址：呼伦贝尔牙克石市越桔北路彤达大酒店
电话：0470-7200333

扎兰屯市

名店：石桥饭店
菜品：东北菜、蒙餐、川香菜等融合菜
地址：呼伦贝尔扎兰屯市雅鲁街9号
电话：0470-3201333

名店：庆涛三江野生渔村
菜品：食材选用当地冷水鱼，贝尔湖、三江的鱼类
地址：呼伦贝尔扎兰屯市布特哈北路53号
电话：15048100888

名店：鑫港大酒店
菜品：特色蒙餐、奶锅焖羊肉、各类炒菜
地址：呼伦贝尔扎兰屯市延桥街1号
电话：0470-3213999

名店：丽敏大酒店
菜品：特色农家菜、各种炒菜，有承接大型宴会能力
地址：呼伦贝尔扎兰屯市发达广场对面
电话：13847001899，0470-3217666

名店：东方情饺子馆
菜品：猪肉酸菜水饺、特色杀猪菜、炸柳根
地址：扎兰屯市繁荣办润腾家园3期2号商服01009号
电话：15335602499

名店：小唐王中餐厅
菜品：沙煲盐帮鸡
地址：呼伦贝尔扎兰屯市百业成家园小区A区D#楼S01005号门市
电话：0470-3350055

额尔古纳市

名店：伯乐戈新蒙式煨炉餐厅
菜品：传承蒙古美食文化，结合现代膳食，烤牛羊肉，炒菜
地址：呼伦贝尔额尔古纳市鸿雁区164号
电话：0470-6823698

名店：金巴尔虎手扒肉
菜品：蒙餐，选自当地牧场牛羊肉，火锅，家常炒菜
地址：呼伦贝尔额尔古纳市法院对面三中旁边
电话：18147010215

根河市

名店：天利源酒店
菜品：川菜、鲁菜、粤菜、东北菜等各色菜系
地址：呼伦贝尔根河市得耳布尔街77号
电话：0470-5225777

特色店：根河印象主题酒店
菜品：食材选用当地牧场牛羊肉，本地野生蘑菇、山野菜，炒菜为主
地址：呼伦贝尔根河市兴安路盛广家园15号门市
电话：18947008048

阿荣旗

名店：小花卷大碗鱼饭店
菜品：手撕大鹅
地址：呼伦贝尔阿荣旗北方经典二期西门6号商服
电话：18647006648

特色店：柱子铁锅饭店
菜品：食材选用当地散养小笨鸡、大笨鹅，草原牛肉、牛排
地址：呼伦贝尔阿荣旗鹏泰六期
电话：0470-4314777

名店：明花朝鲜饭店
菜品：朝鲜餐，朝鲜族特色
地址：呼伦贝尔阿荣旗北方经典二期西门6号商服
电话：18647006648

莫力达瓦旗

名店：乡厨子有限公司
菜品：烤全羊、烤牛头、柳蒿芽丸子、达族炖菜等民主特色餐饮
地址：呼伦贝尔莫力达瓦旗伊兰广场东侧
电话：0470-4918000

特色店：肇家老院子饭庄
菜品：手撕鹅、葱烧海参、肥肠鱼、柳蒿芽丸子
地址：呼伦贝尔莫力达瓦旗北环肇家老院子
电话：13804703931

鄂伦春旗

名店：鄂伦春林业宾馆
菜品：食材选用林区土特山产品，情系森林相思宴
地址：呼伦贝尔鄂伦春旗阿里河镇大鲜卑路12号
电话：0470-5693748

特色店：永杰水晶蒸饺馆
菜品：野生山野菜及野生菌类的烹制
地址：呼伦贝尔鄂伦春阿里河通达街2号
电话：13848087907

鄂温克旗

名店：鄂温克宾馆
菜品：蒙餐为主，鲁、粤、海鲜等其他菜系为辅
地址：呼伦贝尔鄂温克族自治旗巴彦托海镇中央街鄂温克宾馆
电话：0470-8814199

名店：颐和温泉酒店
菜品：以粤菜为主，地方特色菜、辽菜等融合菜为辅
地址：呼伦贝尔鄂温克族自治旗新区规划九街市法院对面
电话：0470-8308888

特色店：川外川火锅
菜品：食材选用当地牧场牛羊肉、达斡尔特色菜柳蒿芽
地址：呼伦贝尔鄂温克旗巴彦托海镇谐仁商业街3-115号
电话：0470-8985855

特色店：鑫都兰蒙餐
菜品：蒙餐，风干牛肉牛排、羊肉羊排等，酸奶、山野菜等
地址：呼伦贝尔鄂温克族自治旗伊敏嘉园1号楼8号门市
电话：13847016665

特色店：科尔沁烤全羊
菜品：蒙餐，烤全羊、羊排羊腿，手把肉，炒菜等
地址：呼伦贝尔鄂温克旗伊敏路（卓达城市花园南门）
电话：13848704626

特色店：贝加尔布里亚特包子铺
菜品：布里亚特包子、奶茶、列巴、西米单、千层酥、羊肉汤等
地址：呼伦贝尔鄂温克旗锡尼河西苏木海伊公路旁
电话：13948701228

特色店：旭日薄利馅饼店
菜品：蒙古肉饼、手把肉、酱牛鼻子、烤牛排，炒菜，砂锅
地址：呼伦贝尔鄂温克族自治旗谐仁商业街105门市
电话：15560703349

陈巴尔虎旗

名店：金鼎印象主题酒店
菜品：蒙餐，融合当地蒙古族文化，蒙餐为主餐饮
地址：呼伦贝尔陈巴尔虎旗广场路3号
电话：0470-6777111

名店：华海火锅城
菜品：食材选用当地牧场牛羊肉，传统铜锅，风干牛羊排
地址：呼伦贝尔陈巴尔虎旗巴彦库仁镇交通局斜对面
电话：15049098777

特色店：天隆溢品美食城
菜品：水煮南屯牛排
地址：呼伦贝尔陈旗巴彦库仁镇南路东一巷7-1-103
电话：18347082266

新巴尔虎左旗

特色店：草原明珠酒店
菜品：蒙餐，选自当地牧场牛羊肉，手把肉，各类炒菜
地址：呼伦贝尔新巴尔虎左旗阿木古郎镇南加油站南侧
电话：18847037778

新巴尔虎右旗

特色店：斯歌腾海鲜烧烤店
菜品：选用西旗牛羊肉制成肉串，味道鲜美
地址：呼伦贝尔新巴尔虎右旗晶晶大厦7号门市
电话：15248701284

特色店：鸿吉剌蒙元文化主题酒店
菜品：以蒙古美食为主，研发出各种传统与现代融合新式蒙餐
地址：呼伦贝尔新巴尔虎右旗阿镇区祥和家园8号门市
电话：18347004445

特色店：达尔汗肉干面
菜品：选用当地牧场牛肉制成牛肉干，加上劲道面条，配上香葱等佐料
地址：呼伦贝尔新巴尔虎右旗电业家属楼5号门市
电话：15048088581

特色店：鑫那达慕饭店
菜品：食材选用当地牧场牛羊肉，风干牛排、烤牛排、肉擀面
地址：呼伦贝尔新巴尔虎右旗阿镇富余小区2号楼4号门市
电话：13789409529

特色店：金源大酒店
菜品：承接各类宴请，蒙餐、鲁菜、川菜等融合菜
地址：呼伦贝尔新巴尔虎右旗克尔伦大街与布尔敦路交叉口南150米
电话：18804701313

图书在版编目（CIP）数据

呼伦贝尔大草原·寻味 / 呼伦贝尔市文化旅游广电局主编.
-- 北京 : 外文出版社，2023.4
ISBN 978-7-119-13569-4

Ⅰ. ①呼… Ⅱ. ①郎… Ⅲ. ①饮食－文化－呼伦贝尔
市－摄影集 Ⅳ. ① TS971.202.263-64

中国国家版本馆 CIP 数据核字（2023）第 065474 号

出版顾问：胡开敏
出版指导：杨春燕
出版统筹：陈丝纶
封面题字：艺如乐图
责任编辑：焦雅楠　于晓欧
助理编辑：钱品颐
装帧设计：战晓霞
印刷监制：王　争

呼伦贝尔大草原·寻味

呼伦贝尔市文化旅游广电局　编著

出 版 人：胡开敏
出版发行：外文出版社有限责任公司
地　　址：中国北京西城区百万庄大街 24 号　　**邮政编码：**100037
网　　址：http://www.flp.com.cn　　**电子邮箱：**flp@cipg.org.cn
电　　话：008610-68320579（总编室）　　008610-68996181（编辑部）
008610-68995852（发行部）　　008610-68996183（投稿电话）
制　　版：北京杰瑞腾达科技发展有限公司
印　　刷：鸿博昊天科技有限公司
经　　销：新华书店 / 外文书店
开　　本：787mm × 1092mm　1/16　　**印　张：**12.5　　**字　数：**40 千字
装　　别：平装
版　　次：2023 年 5 月第 1 版第 1 次印刷
书　　号：ISBN 978-7-119-13569-4
定　　价：88.00 元

走遍千山万水

呼伦贝尔唯美

多彩呼伦贝尔

极致草原印象

寻味

呼伦贝尔大草原